TASCHENBUCH DER FERNSPRECH-NEBENSTELLEN-ANLAGEN

von

KURT HANTSCHE
Ingenieur VDE, VDI
Techn Bildungsreferent

Mit 59 Abbildungen und 8 Tafeln

MÜNCHEN 1951
VERLAG VON R. OLDENBOURG

Abb. 1
Entwicklungsstadien des Fernsprechers
(Aus der Fertigung der Siemens & Halske Aktiengesellschaft)

Inhaltsverzeichnis

Systemunterschiede

W-Unteranlagen

Zusatzeinrichtungen

Anhang

Vorwort

In vorliegendem Buch werden die Leser allgemein und für die Vertriebspraxis auch mit den Grundbegriffen des Fernsprech-Nebenstellenwesens und mit den gängigsten Vorschriften der Fernsprechordnung vertraut gemacht. Das geschieht in der Form von Fragen und Antworten.

Weiterhin werden in ihm die Verkehrsmöglichkeiten von Fernsprech-Nebenstellenanlagen beschrieben, die gebräuchlichsten technischen Prinzipien erläutert und wesentliche Ausführungsunterschiede miteinander verglichen.

Es wendet sich an alle, die beruflich mit dem Fernsprech-Nebenstellenwesen zu tun haben oder sich hierüber informieren möchten.

Bei der Ausarbeitung ist bewußt auf die Wiedergabe und Erläuterung von Stromläufen verzichtet worden, um den Personenkreis, der sein Wissen erweitern möchte, nicht nur auf diejenigen zu beschränken, die schaltungskundig sind.

Die rein technischen Bedingungen der Deutschen Post für private Nebenstellenanlagen sind im Anhang wiedergegeben.

Das große Bedürfnis, in das interessante Gebiet des Fernsprech-Nebenstellenwesens eingeführt zu werden, geht aus der regen Beteiligung an meinen Kursen hervor, die ich im Laufe der Jahre abgehalten habe. Aus diesen Kursen heraus ist das Buch entstanden. Ich darf daher hoffen, daß es bei den Lesern eine günstige Aufnahme findet, wenn sich auch sein Erscheinen infolge der Nachkriegsumstände erheblich verzögert hat.

An dieser Stelle danke ich allen, die mir an der Gestaltung des Buches geholfen haben.

Danken möchte ich auch den Firmen, insbesondere der Siemens & Halske AG. für reichliche Zurverfügungstellung von Unterlagen und Bildmaterial und der Mix & Genest AG. für ihre Beiträge.

Leser, die sich über den Rahmen des Buches hinaus für rein technische und schaltungstechnische Fragen des Fernsprech-Nebenstellenwesens interessieren, darf ich vorerst auf meinen Beitrag „Fernsprechtechnik" zum „Goetsch, Taschenbuch für Fernmeldetechniker, Teil III, Verlag von R. Oldenbourg, München, 11. Auflage 1951" verweisen.

Weitere empfehlenswerte Werke über die Fernmeldetechnik sind u. a.:

Hettwig,	Fernsprech-Wählanlagen 1950 (Verlag von R. Oldenbourg, München).
Hahn,	Schaltungsbuch der Fernmeldetechnik 1942 (Verlag Hachmeister & Thal, Leipzig).
Langer,	Studien über Aufgaben der Fernsprechtechnik (Verlag von R. Oldenbourg, München).
Lubberger,	Die Wirtschaftlichkeit der Fernsprechanlagen (Verlag von R. Oldenbourg, München).
Flad-Kirch,	Eisenbahn-Fernsprech-Technik 1948 (Fachverlag Schiele & Schön, Berlin).

Berlin-Wilmersdorf, im Februar 1951.

Kurt Hantsche.

Abkürzungen und Erläuterungen

F: = Frage.

A: = Antwort.

ADA = Allgemeine Dienstanweisung der Deutschen Reichspost, Abschnitt VI, 3 A.

Fernsprechordnung mit Ausführungsbestimmungen und Verwaltungsanweisungen (R. v. Deckers Verlag, G. Schenck, Berlin W 15, 1940).

Nach dem zweiten Weltkrieg sind bisher erschienen:

1. Fernsprechordnung mit Ausführungsbestimmungen, Neudruck 1950 (gedruckt in der Staatsdruckerei), enthält:
Abdruck der Fernsprechordnung mit Ausführungsbestimmungen vom 24. November 1939.

2. Technische Bestimmungen für Fernsprech-Nebenstellenanlagen, Auszug aus der ADA VI, 3 A, Neudruck 1950 (gedruckt in der Staatsdruckerei), enthält:

TVAnw. = Technische Verwaltungsanweisungen.

Zeichnerische Darstellung von Fernsprecheinrichtungen (Beilage 1).

Technische Bedingungen für private Nebenstellenanlagen (Beilage 2)[1]).

Technische Richtlinien für Fernmeldeanlagen mit leitungsgerichtetem Hochfrequenzbetrieb (Beilage 3).

Regel- und Ergänzungsausstattung für Nebenstellenanlagen (Beilage 4).

Deutsche Bundespost (DBP) = in vorliegendem Buch kurz „Deutsche Post" genannt.

---

[1]) Siehe Anhang

Privatfernmeldeanlage = Fernsprechanlage ohne Amts-
verkehr (früher Hausanlage
genannt).
BPM = Bundes-Post-Ministerium.
AUe = Amtsübertragung
AGW = Amtsgruppenwähler
AS = Anrufsucher
AW = Amtswähler
DBP = Deutsche Bundes-Post.
FGV = Fernsprechgebührenvorschriften.
FO = Fernsprechordnung.
FTZ = Fernmelde-Technisches Zentralamt.
GW = Gruppenwähler
LW = Leitungswähler
RVW = Rückfrage-Vorwähler
VSt = Vermittlungsstellen = öffentliche Fernsprechämter.
VW = Vorwähler
W-Anlagen = Wähl-Anlagen

Einleitung

Am 31. Januar 1900 erließ die damalige Reichstelegraphen-Verwaltung (RTV) folgende Bestimmung:

„Die Teilnehmer an den Fernsprechnetzen können in ihren auf dem Grundstück ihres Hauptanschlusses befindlichen Wohn- oder Geschäftsräumen Nebenstellen errichten und mit dem Hauptanschluß verbinden lassen. Flächen, die durch fremden Grund und Boden, öffentliche Wege, Plätze oder öffentliche Gewässer von dem Grundstück des Hauptanschlusses getrennt sind, gelten als besondere Grundstücke. Mehr als fünf Nebenanschlüsse dürfen mit demselben Hauptanschluß nicht verbunden werden. Den Teilnehmern ist überlassen, die Herstellung und Instandhaltung der auf dem Grundstücke des Hauptanschlusses befindlichen Nebenanschlüsse durch die RTV oder durch Dritte bewirken zu lassen. Die nicht von der RTV hergestellten Nebenanschlüsse müssen den von der RTV festzusetzenden technischen Anforderungen entsprechen."

Inzwischen hat sich an dieser Bestimmung manches geändert. So dürfen heute z. B. auch Nebenstellen errichtet und angeschlossen werden, die sich nicht auf dem Grundstück des Hauptanschlusses befinden (außenliegende Nebenstellen). Auch ist ihre Anzahl nicht mehr auf 5 Nebenstellen je Hauptanschluß begrenzt. Wenn vorstehend der Wortlaut einer veralteten Bestimmung wiedergegeben wurde, geschah dieses, weil durch diese Bestimmung dem deutschen Fernmeldetechniker ein technisch überaus interessantes und der deutschen Wirtschaft ein lohnendes Betätigungsfeld erschlossen worden ist. Auch der Zeitpunkt, mit dem diese Verfügung in Kraft gesetzt wurde, verdient besondere Beachtung. Man muß sich rückschauend einmal daran erinnern, daß die Entwicklung der Fernsprechtechnik in Deutschland gerade erst begonnen hatte. Ein Selbstanschlußamt gab es in ganz Europa damals noch nicht. Das erste europäische Fernsprechamt für Wählverkehr wurde nach dem System des Amerikaners Strowger erst im Jahre 1908, immerhin 8 Jahre später, von der Deutschen Waffen- und Munitionsfabrik in Hildesheim erstellt. Ein Jahr darauf, 1909, folgte das erste von der Siemens & Halske AG. gebaute Wählamt in München-Schwabing. Dennoch wurde vorausschauend schon der Weg für die Entwicklung einer speziellen Technik, der Nebenstellentechnik, geebenet. Als man nach dem ersten Weltkrieg eine weitgehende Automatisierung der öffentlichen Fernsprechämter in Angriff nahm, trat auch die Forderung des automatischen Verkehrs in der Nebenstellentechnik als zusätzliche Aufgabe besonders in Erscheinung.

Das Aufleben der freien Wirtschaft brachte es mit sich, daß die Firmen untereinander wetteiferten, ihren Abnehmern von Fernsprecheinrichtungen die mannigfaltigsten Verkehrsmöglichkeiten zu bieten, so daß es teilweise zu Überspitzungen kam.

Mit der im Jahre 1934 von der „Deutschen Reichspost" im Einvernehmen mit der deutschen Industrie vorgenommenen teilweisen „Regelung" (d. h. Festlegung von einheitlichen technischen Leistungen, einheitlichen Preisen und Gebühren sowie Überlassungsbedingungen), nahmen die Bestrebungen zur Vereinheitlichung ihren Anfang, die in der „Fernsprechordnung vom 24. 11. 1939" ihren Abschluß gefunden haben.

Mannigfaltig sind die Vorschriften der Fernsprechordnung, die mit ihren Ausführungsbestimmungen und Verwaltungsanweisungen in der „Allgemeinen Dienstanweisung der Deutschen Reichspost", Abschnitt VI, 3 A, niedergelegt sind. Die Privatindustrie erklärte sich im Jahre 1940 bereit, sich den hauptsächlichsten Bestimmungen der damaligen Deutschen Reichspost — abgesehen von kleinen Abweichungen — anzuschließen und diese auch für sich als verbindlich anzusehen.

Der Wettbewerb konnte sich nach dem Inkrafttreten der Regelungen in der Hauptsache nur noch auf die Qualität erstrecken, da einerseits die technischen Leistungen, andererseits die geldlichen Forderungen festgelegt waren. Jeder Firma blieb es aber nach wie vor überlassen, dieses oder jenes technische Prinzip anzuwenden, um die nach den „Regelausstattungen" vorgeschriebenen Forderungen zu erfüllen. D. h., nur die in den Regelbedingungen der Fernsprechordnung festgelegten Verkehrsmöglichkeiten und technischen Ausstattungen wurden als Leistungen vorgeschrieben, während dagegen die Art der Ausführung den Lieferfirmen überlassen blieb. Systemunterschiede verloren damit für den Abnehmer ihren Einfluß auf die Preis- oder Gebührengestaltung.

Bis zum Jahre 1945 stellten die Fernsprechgebührenvorschriften die gemeinsame Preis- und Gebührengrundlage für die „Deutsche Reichspost" und die Privatindustrie dar.

Auch heute richten sich die Industriefirmen im allgemeinen nach den Fernsprechgebührenvorschriften der Deutschen Post und der Fernsprechordnung von 1950, ohne jedoch an die Preise und Gebühren gebunden zu sein.

Im übrigen wird sich dieses Buch nicht ausschließlich mit Fragen der Fernsprechordnung befassen, sondern einen Einblick in das interessante Gebiet der Fernsprech-Nebenstellenanlagen geben, auf dem Firmen, wie die Siemens & Halske AG., Mix & Genest AG., Telefonbau und Normalzeit G.m.b.H., Deutsche Telefonwerke u. a. m. sehr beachtliche Leistungen vollbracht haben.

Die deutsche Fernsprech-Industrie war maßgeblich an der Verbreitung des Fernsprechers in der ganzen Welt beteiligt.

Die Situation in der Welt und in Deutschland vor und nach dem zweiten Weltkrieg wird mit den nachstehend wiedergegebenen Zahlen verdeutlicht:

	1937	1949	1950
Anzahl d. Fernspr. auf der ganzen Welt	35 000 000	65 800 000[1])	
davon in Deutschland . .	3 400 000	1 974 036[1])	
Von der Anzahl der in Deutschland vorhandenen Fernsprecher . . .	3 400 000	910 489	2 164 133[2])
waren Nebenstellen . . .	1 400 000	722 295	869 748[2])

Wenn das Buch dazu beiträgt, allen denjenigen die Arbeit zu erleichtern, die direkt oder indirekt mit der Verbreitung des Fernsprechers in Deutschland zu tun haben, damit wir bald wieder den Stand von 1937 erreichen, so dürfte es seinen Zweck erfüllt haben.

[1]) Vgl. Welt-Telephon-Statistik, El. Comm. Bd. 27, H 2 (1950), Seite 165/166
[2]) Vgl. Amtsblatt des Bundesministers für das Post- und Fernmeldewesen, Jahrg. 1950, Nr. 56.
Die Zahlen beziehen sich auf Westdeutschland.
Die für die Besatzungsmächte vorgesehenen Fernsprecher sind in diesen Zahlen nicht enthalten.

Zur Fernsprechordnung vom 24. 11. 1939 und zur neuen Fernsprechordnung von 1950

Regel- und Ergänzungsausstattungen

Bei der endgültigen amtlichen Regelung des Nebenstellenwesens, die in der Fernsprechordnung vom Jahre 1939 ihren Niederschlag fand, wurden neben einheitlichen Preisen und Gebühren auch einheitliche Leistungen durch die sogenannten „Regel- und Ergänzungsausstattungen" festgelegt. Hierdurch sollten die Leistungen gewissermaßen genormt und die Typen möglichst beschränkt werden. Durch die Festlegung von Regelausstattungen für jede Anlagenart wurde also erreicht, daß allen Fernsprechteilnehmern für die von ihnen zu entrichtenden Kaufpreise oder Mietgebühren genau vorgeschriebene Leistungen geboten werden mußten.

Nach der Fernsprechordnung von 1950 ändert sich hieran lediglich, daß die Gebührenvorschriften der Fernsprechordnung für die Industriefirmen nicht mehr bindend sind. Auch die Deutsche Post macht den Vorbehalt, daß bei Senkung der Beschaffungskosten die Gebühren für neu zu errichtende Nebenstellenanlagen entsprechend ermäßigt werden können.

Jede Lieferfirma ist aber ebenso wie die Deutsche Post verpflichtet, Geräte zu liefern, die den Regelausstattungen der Fernsprechordnung entsprechen.

Die einzelnen Leistungen für jede Anlagenart sind wieder in den Regelausstattungen[1]) genau festgelegt. Über die Regelausstattungen hinausgehende Leistungen wurden wiederum in den „Ergänzungsausstattungen" aufgeführt.

Einrichtungen, die zu den Ergänzungsausstattungen gehören, sind der freien Wahl des Teilnehmers anheim gestellt. In der Preis- und Gebührengestaltung für diese Einrichtungen richten sich die Industriefirmen meistens gleichfalls nach den Fernsprechgebührenvorschriften, wiederum ohne an sie gebunden zu sein.

---

[1]) Beilage 4 zu „Techn. Bestimmungen für Fernsprech-Nebenstellenanlagen" Auszug aus der ADA VI, 3 A (Neudruck 1950)

Technische Lösungen

Die Anwendung bestimmter technischer Prinzipien ist weder zur Erfüllung der Regelbedingungen noch zur Erzielung zusätzlicher Leistungen vorgeschrieben worden, um die schöpferische Tätigkeit der Lieferfirmen nicht einzuengen. Die technischen Lösungen und Ausführungen sind den Firmen nach wie vor absolut freigestellt.

Auswirkung der Regelung

Vor der Regelung des Nebenstellenwesens mußten, um einen Vergleich zwischen angebotenen Fernsprechanlagen zu ermöglichen, zunächst einmal die technischen Verkehrsmöglichkeiten der Anlagen ermittelt und gegenübergestellt werden. Hierbei war die Bedeutung der einzelnen Leistungen nicht ohne weiteres zu erkennen, da die Prüfung nicht an Hand einer neutralen Festlegung von Muß- und Kannvorschriften vorgenommen werden konnten. Eine preisliche Bewertung von Einzelleistungen und Verkehrsmöglichkeiten in Angeboten war früher kaum üblich, so daß — abgesehen von Sprechapparaten und Zubehör — ein Vergleich im einzelnen gar nicht vorgenommen werden konnte. Seit 1940 erleichtern die Regelausstattungen der einzelnen Anlagenarten eine derartige Prüfung, da in ihnen alle wichtigen Verkehrsleistungen genau festgelegt sind und diese von jeder Firma gewährleistet sein müssen. Damit braucht sich seit 1940 ein Vergleich von Angeboten im Wesentlichen nur auf alle über die Regelausstattungen hinausgehenden Leistungen zu erstrecken, d. h. es ist daher in der Hauptsache nur zu beachten, ob und welche Ergänzungsausstattungen und Zusatzeinrichtungen in den Angeboten aufgeführt sind. Diese können jetzt einzeln auf ihre Bedeutung und Preiswürdigkeit für den zu vergebenden Auftrag nachgeprüft werden.

Allgemeine Begriffe

aus dem Gebiete des Fernsprech-Nebenstellen-wesens in Frage und Antwort erläutert

Postprüfeinrichtungen und Postprüfapparat

F 1: Was versteht man unter Postprüfeinrichtungen?

A: Postprüfeinrichtungen sind Wechsel-, Mehrfachschalter oder Postprüfschränke, auf denen die Amtsleitungen für private Nebenstellenanlagen enden. Sie sollen ermöglichen, die Amtsleitungen zur Eingrenzung von Störungen auf den Postprüfapparat schalten zu können.

F 2: Werden Postprüfschalter (Wechsel- oder Mehrfach-schalter) nur für Amtsleitungen vorgesehen?

A: Nein, auch für andere post-eigene Leitungen, z. B. solche nach außenliegenden Nebenstellen oder Zweitnebenstel-lenanlagen oder für posteigene Querverbindungs - Leitungen usw., werden von der Deutschen Post Postprüfschalter vorgesehen.

F 3: Welche Gebühren hat ein Fernsprechteilnehmer für den Postprüfapparat an die Deutsche Post zu zahlen?

Abb. 2
Wechselschalter

A: Der Postprüfapparat ist weder eine Ergänzungs- noch eine Zusatzeinrichtung; er wird von Amts wegen angebracht und ist daher gebührenfrei.

F 4: Sind die Postprüfschalter (Postprüfeinrichtungen) für den Teilnehmer einer privaten Nebenstellenanlage gebührenfrei?

A: Nein, diese Einrichtungen sind nur als posteigene Einrichtungen zulässig, die als Zusatzeinrichtungen gelten. Der Teilnehmer hat hierfür die in der Fernsprechordnung vorgesehenen Gebühren zu entrichten.

F 5: In welchen Fällen werden für posteigene Leitungen keine Wechsel- oder Mehrfachschalter, auch keine Postprüfschränke vorgesehen?

A: Bei neuen privaten Nebenstellenanlagen mit mehr als 20 posteigenen Leitungen und bei der Erweiterung vorhandener Anlagen über diese Belegung hinaus werden die Leitungen unmittelbar an private Trennstreifen herangeführt. Die Hauptverteiler für große Nebenstellenanlagen sind meistens schon mit Trennstreifen usw. ausgerüstet, so daß diese für die Prüfung mitbenutzt werden können.

F 6: Wo werden von der Deutschen Post die Postprüfeinrichtungen angebracht?

A: Die Postprüfeinrichtungen mit dem Postprüfapparat werden dort untergebracht, wo sie für die Prüfzwecke am günstigsten liegen, in der Regel also bei der Einführung der posteigenen Leitungen oder in der Nähe des Hauptverteilers der privaten Nebenstellenanlage.

F 7: Kann ein Fernsprechteilnehmer die Anbringung des Postprüfapparates an einer bestimmten Stelle verlangen?

A: Der Postprüfapparat wird in der Regel bei der Hauptstelle angebracht. Die Deutsche Post nimmt auf berechtigte Wünsche des Teilnehmers Rücksicht, jedoch soll der Postprüfapparat nicht zur Einsparung einer Nebenstelle Verwendung finden.

(Anmerkung: Infolge Mangels an Fernsprechapparaten wurden eine Zeitlang nur die Postprüfeinrichtungen ohne Postprüfapparat geliefert).

F 8: Wo enden posteigene Leitungen nach außenliegenden Nebenstellen bei der Nebenstelle?

A: Posteigene Leitungen für private Nebenstellen enden bei der Nebenstelle an posteigenen Sicherungen oder Trenndosen.

Nebenstellenanlagen

F 9: Welche Aufgaben hat eine Nebenstellenanlage zu erfüllen?

A: Durch eine Nebenstellenanlage sollen die zum öffentlichen Fernsprechamt führenden Leitungen (Amtsleitungen) besser ausgenutzt werden.

Sie faßt alle Nebenstellen zusammen, die Gespräche über das öffentliche Fernsprechnetz zu führen berechtigt sind und gewährleistet ihnen den Gesprächsverkehr über alle hierfür vorgesehenen Amtsleitungen. Darüber hinaus ermöglicht sie den Gesprächsverkehr aller oder mehrerer zu demselben Haushalt, Betrieb oder zu derselben Verwaltung gehörenden amtsberechtigten Nebenstellen untereinander und mit etwa vorhandenen nicht amtsberechtigten Nebenstellen.

F 10: Was sagt die VAnw. zu § 6 der Fernsprechordnung über Nebenstellenanlagen?

A: „Nebenstellenanlagen" sind

a) Anlagen mit Zwischenumschalter (s. Seite 42) und handbediente Anlagen (s. Seite 54), bei denen alle Verbindungen mit der Hand hergestellt werden,

b) Reihenanlagen, bei denen die Amtsleitungen an alle Reihenstellen herangeführt sind und die Verbindungen innerhalb der Anlage von den einzelnen Reihenstellen aus über Linientasten (s. Seite 82) oder über Wähler (s. Seite 96) hergestellt werden,

c) W-Anlagen, bei denen die Verbindungen innerhalb der Anlage durch Wählen mit der Nummernscheibe (= Nummernschalter) hergestellt werden und die VSt (= Vermittlungsstellen, d. s. die öffentlichen Fernsprechämter) unmittelbar über Wähler (s. Seite 103) oder unter Mitwirkung der Abfragestelle erreicht werden können.

F 11: Seit wann dürfen in Deutschland Nebenstellenanlagen durch die Privatindustrie errichtet werden?

A: Ab 1. 4. 1900 darf die Privatindustrie in Deutschland Nebenstellenanlagen erstellen.

Die Verordnung der damaligen Reichs-Telegraphen-Verwaltung (RTV), nach welcher die Errichtung von Nebenstellenanlagen zulässig wurde, ist am 31. Januar 1900 veröffentlicht worden.

F 12: Wer darf private Nebenstellenanlagen erstellen und instand halten?

A: Die Herstellung und Instandhaltung privater Nebenstellenanlagen dürfen nur von Unternehmern vorgenommen werden, die von der Deutschen Post zugelassen sind.

F 13: Welche Fachkenntnisse verlangt die Deutsche Post von Unternehmern, die für die Herstellung und Instandhaltung von privaten Nebenstellenanlagen zugelassen sein wollen?

A: Der Unternehmer (oder der von ihm Beauftragte) muß Fachkenntnisse auf folgenden Gebieten haben:
1. Schaltzeichen, Schaltlehre, Lesen und Erklären von Stromlaufzeichnungen,

2. er muß ferner die in der Fernsprechnebenstellentechnik gebräuchlichen Schaltungsmittel (Relais, Wähler, Fallklappen, Drosselspulen, Kondensatoren, Wecker, Umschalter, Klinken, Stöpsel usw.) kennen, über ihre Eigenschaften Bescheid wissen und die Einstellungsmöglichkeiten beherrschen,
weiter müssen ihm bekannt sein:
3. Eigenschaften und Verwendungsmöglichkeiten der gebräuchlichen Leitungsarten, der Kabel und der Isolierstoffe,
4. Stromquellen und Ladeeinrichtungen, Ruf- und Signaleinrichtungen,
5. Aufbau und Leitungsführung, Instandhaltung und Störungsbeseitigung,
6. die einschlägigen Bestimmungen der Deutschen Post und die Vorschriften der Elektrotechnik (VDE-Vorschriften).

F 14: Welche Richtlinien sind bei der technischen Gestaltung von privaten Nebenstellenanlagen maßgebend?

A: Es müssen bei der Erstellung und technischen Ausgestaltung von privaten Nebenstellenanlagen folgende Richtlinien beachtet werden:
1. Die Bestimmungen der Fernsprechordnung § 6 bis § 8 nebst Ausführungsbestimmungen und Verwaltungsanweisungen.
2. Die Technische Verwaltungsanweisung zu Teil I Abschnitt B der Fernsprechordnung mit den Beilagen 3 und 4[1]).

3. Die VDE-Vorschriften.

4. Die Technischen Bedingungen für private Nebenstellenanlagen, Beilage 2[1]) (siehe Anhang).

F 15: Welche Verkehrsmöglichkeiten sind für Vermittlungseinrichtungen von Nebenstellenanlagen, für die Reihenanlagen und für die bedienungslosen W-Unteranlagen nach der Fernsprechordnung vorgeschrieben?

A: Die Verkehrsmöglichkeiten für jede einzelne Anlagenart sind in den sog. ,,Regelausstattungen" genau festgelegt und können in der Fernsprechordnung, wo sie verzeichnet sind, nachgelesen werden, (Beilage 4[1])).

F 16: Welche Leistungen können über die Regelausstattungen hinaus geboten werden?

A: Über die in den Regelausstattungen festgelegten Leistungen hinaus werden auf Antrag des Teilnehmers nur die in der Fernsprechordnung für jede einzelne Anlagenart und die als allgemein verwendbar aufgeführten Einrichtungen (Ergänzungsausstattungen, Beilage 4[1])), angebracht.

F 17: Haben die Fernsprechteilnehmer Anspruch auf Lieferung von Ergänzungseinrichtungen?

A: Nein, bei den Ergänzungseinrichtungen handelt es sich um ,,Kannvorschriften", die der Besteller nicht zu nehmen und der Lieferer nicht zu liefern braucht. Nachträglich werden Ergänzungseinrichtungen nur eingebaut, wenn dieses technisch möglich ist.

F 18: Müssen die Industriefirmen die Geräte nach irgendwelchen vorgeschriebenen technischen Prinzipien — wie z. B. Anrufsucher- oder Vorwählerprinzip usw. — fertigen?

A: Bestimmte technische Prinzipien sind weder für die Regel- noch für die Ergänzungsausstattungen vorgeschrieben.

Die Industriefirmen haben aber die im Anhang wiedergegebenen ,,Technischen Bedingungen für private Nebenstellenanlagen" genauestens zu beachten.

F 19: Wieviel Nebenstellen muß eine Nebenstellenanlage mindestens umfassen?

---

[1]) ,,Technische Bestimmungen für Fernsprech-Nebenstellenanlagen", Auszug aus der ADA VI, 3 A (Neudruck 1950).

A: Eine Nebenstellenanlage muß (außer der Hauptstelle) mindestens eine amtsberechtigte Nebenstelle haben.

F 20: Aus wieviel Reihenstellen muß eine Reihenanlage mindestens bestehen?

A: Eine Reihenanlage mußte früher mindestens aus 2 Reihenstellen bestehen, nämlich aus einer Reihenhauptstelle und einer Reihennebenstelle. Nach der Fernsprechordnung vom 24. 11. 1939 waren Anlagen, die nur aus einer Reihenstelle und einer Vermittlungseinrichtung für Außennebenstellen bestehen, nicht zulässig. Solche Anlagen durften aber bestehen bleiben, wenn sie vor 1934 hergestellt waren. In der Fernsprechordnung von 1950 ist die Einschränkung auf zwei Reihenstellen nicht mehr gemacht.

F 21: Wieviel Nebenstellen dürfen an eine Amtsleitung angeschlossen werden?

A: Die Anzahl der Nebenstellen, die an eine Amtsleitung angeschlossen werden dürfen, ist nicht mehr, wie früher, auf 5 amtsberechtigte Nebenstellen je Amtsleitung begrenzt. Bei Reihenanlagen mit Wählern war die Anzahl der Reihennebenstellen auf 15 beschränkt.
Die zulässige Anzahl ergibt sich aus den in der Fernsprechordnung für jede Anlagenart festgelegten Baustufen.

F 22: Wie unterscheiden sich posteigene, teilnehmereigene und private Nebenstellenanlagen?

A: Bei der posteigenen Nebenstellenanlage sind die Apparaturen Eigentum der Post, der Teilnehmer hat die Anlage von der Post gemietet. Eine teilnehmereigene Nebenstellenanlage ist dagegen eine solche, die der Teilnehmer von der Post gekauft hat, die somit sein Eigentum wurde und die von der Post instand gehalten (gewartet) wird.
Eine private Nebenstellenanlage ist eine solche, die von der Privatindustrie als Kauf- oder als Mietanlage erstellt wurde.

F 23: Ist eine Nebenstellenanlage, die ein Teilnehmer von einer beliebigen Industriefirma gekauft hat, und die somit sein Eigentum geworden ist, eine teilnehmereigene Anlage?

A: Nein, eine derartige Anlage ist eine private Nebenstellenanlage.

F 24: Was ist über die Instandhaltung (Wartung) privater
Nebenstellenanlagen zu sagen?

A: Die Deutsche Post sieht die ordnungsgemäße Instandhaltung einer privaten Nebenstellenanlage nur dann
als gesichert an, wenn die Anlage von einem zugelassenen Unternehmer oder durch sachkundige Angestellte
des Teilnehmers gepflegt, planmäßig in angemessenen
Zwischenräumen durchgeprüft und, wenn nötig, über-
holt wird. Es genügt nicht, daß Störungen von Fall
zu Fall unverzüglich behoben werden. Aus diesen
Gründen sollen Inhaber von privaten Nebenstellenanlagen (Kaufanlagen) mit einem zugelassenen Unternehmer einen Wartungsvertrag schließen.
Bei Fernsprech-Mietanlagen wird die Wartung der
Nebenstellenanlagen im Rahmen des Mietabkommens
durchgeführt und ist in der Mietgebühr einbegriffen.

F 25: Von wem werden teilnehmereigene Nebenstellenanlagen instand gehalten (gewartet)?

A: Teilnehmereigene Nebenstellenanlagen werden von der
Deutschen Post betriebsfähig erhalten.
Die Instandhaltung umfaßt die laufende Pflege der
Anlage und die Beseitigung der bei ordnungsmäßigem
Gebrauch auftretenden Störungen; sie erstreckt sich
aber nicht auf die Erneuerung der Anlage oder von
Anlageteilen, die dauernd unbrauchbar geworden sind.

F 26: Was ändert sich am Charakter einer teilnehmereigenen
Nebenstellenanlage, wenn der Teilnehmer die Instandhaltung (Wartung) nicht mehr von der Post, sondern
durch eigenes Fachpersonal ausführen läßt?

A: Die teilnehmereigene Nebenstellenanlage wird damit
zur privaten Nebenstellenanlage.

F 27: Wer hält die posteigenen Nebenstellenanlagen instand?

A: Die Instandhaltung posteigener Nebenstellenanlagen
ist ausschließlich Sache der Deutschen Post; sie wird
durch die vom Teilnehmer zu entrichtenden monat-
lichen Gebühren abgegolten.

F 28: Was versteht man unter einem Zweischleifensystem?

A: In älteren W-Anlagen mit getrennten Vermittlungseinrichtungen für Amts- und Innenverkehr wurden
die amtsberechtigten Nebenstellen mit Rückfragefern-

sprechern zu zwei Doppelleitungen ausgerüstet (vergl. Abb. 3). Hierbei wurde der Amtsverkehr (ankommend und abgehend) über die von der Vermittlungseinrichtung für den Amtsverkehr zur Nebenstelle führende Doppelleitung, der Innenverkehr über die andere von der Vermittlungseinrichtung für den Innenverkehr ausgehende Leitung abgewickelt.

F 29: Werden heute noch Nebenstellenanlagen nach dem Zweischleifenprinzip gefertigt?

A: W-Nebenstellenanlagen neuzeitlicher Art sind, auch dann, wenn sie z. B. aus einem Schrank und einer Wähleinrichtung bestehen, schaltungsmäßig so eingerichtet, daß die Nebenstellen über nur eine Doppelleitung angeschlossen und mit einem einfachen W-Fernsprecher ausgestattet werden. Rückfragefernsprecher zu zwei Doppelleitungen, die wesentlich teurer sind (auch wegen des erhöhten Leitungsaufwandes), werden für diese Anlagen nicht benötigt.

Abb. 3
Rückfragefernsprecher zu
2 Doppelleitungen

F 30: Wozu werden heute noch die in der Fernsprechordnung (Seite 72) aufgeführten Rückfragefernsprecher zu zwei Doppelleitungen benötigt?

A: Diese Apparate dienen hauptsächlich für die Zusammenfassung von zwei Sprechstellen in einen Apparat (s. Seite 38).

Die Hauptstellen

F 31: Was ist nach der Fernsprechordnung bei den verschiedenen Nebenstellenanlagen jeweils die Hauptstelle?

A: Die Hauptstelle einer Nebenstellenanlage ist
bei Zwischenumschaltern: die Vermittlungseinrichtung, gegebenenfalls mit besonderem Abfragefernsprecher,
bei handbedienten Anlagen (Glühlampenschränken usw.): die Vermittlungseinrichtung mit ihren Arbeitsplätzen,
bei Reihenanlagen: die Reihenstelle, bei der die ankommenden Amtsverbindungen vermittelt werden, gegebenenfalls zusammen mit der Vermittlungseinrichtung für Außennebenstellen[1]),
bei W-Anlagen: die Vermittlungs-Einrichtung, bestehend aus der Wähleinrichtung und der Einrichtung, bei der die Amtsgespräche vermittelt werden (vergl. Abb. 4 u. 5).

Abb. 4
Abfragestelle
(Bedienungsfernsprecher) für eine SIEMENS-NEHA-WÄHLANLAGE
zu 5 Amtsleitungen u. 25 Nebenstellen

F 32: Was gehört nach der Fernsprechordnung zur Abfragestelle und was ist die Abfragestelle?

A: Der Teil der Hauptstelle einer Nebenstellenanlage, bei dem die Amtsrufe abgefragt werden, ist die Abfragestelle; sie kann mehrere Arbeitsplätze umfassen und technisch oder räumlich von der Vermittlungseinrichtung getrennt sein.

---

[1]) In Reihenanlagen mit Wählern gehört sinngemäß die Wähleinrichtung für den Innenverkehr gleichfalls zur Hauptstelle.

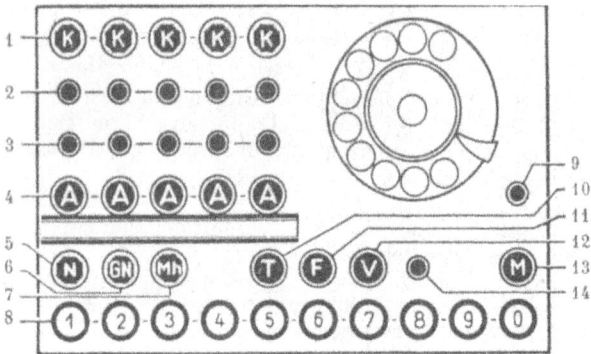

1 = Drehtasten f. Kettengespräche
2 = Überraschungslampen (grün)
3 = Anruflampen (weiß)
4 = Abfragetasten
5 = Drehtaste für Einzelnachtschaltung
6 = Drehtaste für Sammelnachtschaltung
7 = Mithörtaste
8 = Zahlengebertastatur
9 = Meldelampe (weiß)
10 = Trenntaste
11 = Funktionstaste (Flackertaste)
12 = Verbindungstaste
13 = Meldetaste
14 = Kontrollampe für Zahlengeber

Abb. 5

Bedienungsfeld
der Abfragestelle einer mittleren W-Nebenstellenanlage

Nebenstellen

F 33: Welche Arten von Nebenstellen unterscheidet man
nach ihren Verkehrsmöglichkeiten?

A: Es gibt voll amtsberechtigte Nebenstellen, das
sind Nebenstellen, die beliebig für den Verkehr über
das Amt und im Innenverkehr benutzt werden und von

denen aus ohne Vermittlung bei der Abfragestelle abgehende Amtsgespräche geführt werden können,

ferner halb amtsberechtigte Nebenstellen, das sind Nebenstellen, die Amtsverbindungen nur durch die Abfragestelle erhalten können

und nicht amtsberechtigte Nebenstellen, die nur dem Verkehr innerhalb des Hauses dienen und somit vom Amtsverkehr ausgeschlossen sind.

F 34: Welcher Unterschied besteht zwischen einer Außennebenstelle und einer außenliegenden Nebenstelle?

A: Eine Außennebenstelle ist eine Nebenstelle, die nur in Reihenanlagen vorkommt. Sie wird mit einem gewöhnlichen Sprechapparat an Stelle eines Reihenapparates ausgerüstet. Für ihren Anschluß an die Reihenanlage wird eine Vermittlungseinrichtung für Außennebenstellen benötigt. Der Anschluß wird über nur eine Doppelleitung vorgenommen. Sie wird überall dort eingesetzt, wo eine Reihenstelle durch das für sie erforderliche hochpaarige Kabel unwirtschaftlich wäre, z. B. bei größeren Entfernungen. Die Außennebenstelle kann auf dem gleichen Grundstück wie die Reihenhauptstelle oder auf einem anderen Grundstück (außenliegend) erstellt werden.

Die außenliegende Nebenstelle ist dagegen eine Nebenstelle, die stets auf einem anderen Grundstück liegt als die Hauptstelle der Nebenstellenanlage. Die für ihren Anschluß an die Nebenstellenanlage erforderliche Doppelleitung wird von der Deutschen Post gegen Entrichtung monatlicher Gebühren zur Verfügung gestellt.

F 35: Wie weit darf eine außenliegende Nebenstelle von der Hauptstelle entfernt sein?

A: Für diese Nebenstellen besteht keine besondere Beschränkung in der Entfernung von der Hauptstelle. Es ist aber zu beachten, daß für Leitungen zu außenliegenden Nebenstellen bzw. Außennebenstellen, die außerhalb des Anschlußbereiches des Ortsnetzes liegen, als ,,Ausnahmenebenanschlußleitungen" gegebenenfalls eine Gebühr für den Ausfall an Gesprächsgebühren an die Deutsche Post zu entrichten ist.

Ferner ist grundsätzlich die Reichweite des als Nebenstellenanlage eingesetzten Systems zu berücksichtigen.

Falls diese nicht der anzuschließenden Leitung entspricht, sind Stromstoßübertragungen oder andere
technische Maßnahmen zur Erhöhung der Reichweite
erforderlich.

F 36: Werden von der Deutschen Post für private Nebenstellenanlagen auch Nebenanschlußleitungen für außenliegende nicht amtsberechtigte Nebenstellen überlassen?

A: Für private nicht amtsberechtigte Nebenstellen können
Leitungen, die in den Linien des allgemeinen Netzes
der Deutschen Post verlaufen, nur überlassen oder hergestellt werden, wenn die Nebenstellenanlage staat-
lichen, gemeindlichen oder gemeinnützigen Zwecken
dient.

Innenleitungen, ferner Außenleitungen, die auf dem
Grundstück der privaten Nebenstellenanlage verlaufen oder zu Nachbargrundstücken führen, werden
nicht als posteigene Leitungen hergestellt.

Zweitnebenstellenanlagen

F 37: Was sind Zweitnebenstellenanlagen?

A: Eine Zweitnebenstellenanlage entsteht, wenn an eine
amtsberechtigte Nebenstelle (die z. B. mit einem Zwischenumschalter oder einer Vermittlungseinrichtung
ausgerüstet wird) weitere Nebenstellen angeschlossen
werden. Die Nebenstelle, an die Zweitnebenanschlüsse
herangeführt sind, bildet mit diesen eine Zweitnebenstellenanlage.

F 38: Welcher Art dürfen nach der Fernsprechordnung
Zweitnebenstellenanlagen sein?

A: Zweitnebenstellenanlagen können sein:
Zwischenumschalter;
handbediente Nebenstellenanlagen;
Reihenanlagen (Zweitreihenanlagen);
Außennebenstellen dürfen an sie nicht angeschlos-
sen werden;
W-Anlagen mit Abfragestelle;
W-Unteranlagen (W-Anlagen ohne Abfragestelle)
zum Anschluß an W-Hauptanlagen.
(Verwaltungsanweisung zu § 6 der Fernsprechordnung
vom 24. 11. 1939.)

F 39: Wieviel Anschlußleitungen dürfen von einer Zweitnebenstellenanlage zur Hauptanlage führen?

A: Die Anzahl der zur Hauptanlage führenden Leitungen
ist bei einer Zweitnebenstellenanlage mit Abfragestelle
auf 5, bei W-Unteranlagen auf 10 Leitungen beschränkt.

F 40: Wieviel Sprechstellen dürfen an eine Zweitnebenstellenanlage angeschlossen werden?

A: An eine Zweitnebenstellenanlage mit Abfragestelle
dürfen bis zu 25, an W-Unteranlagen bis zu 100 Sprechstellen angeschlossen werden.

F 41: Dürfen an die Nebenstelle einer Zweitnebenstellenanlage weitere Nebenstellen (Drittnebenstellen) angeschlossen werden?

A: An Zweitnebenstellen dürfen keine weiteren Nebenstellen angeschlossen werden.

F 42: Werden Zweitnebenstellen von der Deutschen Post
ohne weiteres zugelassen?

A: Nein, Zweitnebenstellen werden nur zugelassen, wenn
der Inhaber der Nebenstellenanlage ein dringendes
Bedürfnis nachweist.

F 43: Dürfen auch an eine nicht amtsberechtigte Nebenstelle
weitere Nebenstellen angeschlossen werden?

A: Ja! Aber wenn an eine nicht amtsberechtigte Nebenstelle weitere Sprechstellen angeschlossen werden, wird
die bisherige nicht amtsberechtigte Nebenstelle mit den
hinzugetretenen Sprechstellen eine Privatfernmeldeanlage (siehe Seite 37). Die bisherige Nebenanschlußleitung wird Abzweigleitung. (Gebühr für den Ausfall
an Gesprächsgebühren!)

F 44: Darf an eine Hauptanlage eine Zweitnebenstellenanlage
durch eine Lieferfirma angeschlossen werden, die nicht
die Hauptanlage geliefert hat?

A: Die Verwaltungsanweisung zu § 6 der Fernsprechordnung vom 24. 11. 1939 besagt hierzu:

„Die Wartung einer Hauptanlage und der an sie angeschlossenen Zweitnebenstellenanlage soll in einer Hand
sein. An eine posteigene und an eine teilnehmereigene
Hauptanlage werden daher nur post- oder teilnehmereigene, an eine private Hauptanlage nur private

29

Zweitnebenstellenanlagen durch den Unternehmer, der die Hauptanlage wartet, angeschlossen."

F 45: Was gilt bei einer Zweitnebenstellenanlage als Hauptstelle?

A: Die Vermittlungseinrichtung oder die Wähleinrichtung bei Zweitnebenstellenanlagen gilt nicht als Hauptstelle; die Hauptstelle einer Zweitnebenstellenanlage ist die der Hauptanlage.

F 46: Können außer den vorstehend erwähnten amtsberechtigten Nebenanschlußleitungen — die bei den Zweitnebenstellenanlagen an die Stelle der Amtsleitungen treten — weitere nicht amtsberechtigte Leitungen zwischen Haupt- und Zweitnebenstellenanlagen vorgesehen werden, über die nur Innenverkehr abgewickelt wird?

A: Ja, bei W-Unteranlagen geht dieses ganz klar aus dem Text der Ergänzungsausstattungen hervor (s. Seite 177) Für die anderen Zweitnebenstellenanlagen findet sich in der ADA kein Hinweis für die Zulässigkeit, aber auch keiner dafür, daß derartige Leitungen unzulässig wären.

Leitungen nach Zweitnebenstellenanlagen

F 47: Welche Gebühren sind an die Deutsche Post zu zahlen für die zur Verfügungstellung einer Leitung von einer Nebenstellenanlage nach einer Zweitnebenstellenanlage, die aus einem Zwischenumschalter oder einer Kleinen Reihenanlage besteht und die sich nicht auf dem Grundstück der Hauptanlage befindet?

A: Es handelt sich in beiden Fällen um eine Nebenanschlußleitung nach einer Zweitnebenstellenanlage mit nur einer Zweitnebenstelle. Hierfür sind z. Zt. monatlich DM 0,75 für je 100 m Luftlinie an die Deutsche Post zu entrichten.

F 48: Würde sich in Bezug auf die an die Deutsche Post zu entrichtenden Gebühren etwas ändern, wenn nach vorigem Beispiel an Stelle der Kleinen Reihenanlage eine Reihenanlage einfacher Art mit 4 Sprechstellen angeschlossen würde?

A: Ja, in diesem Falle käme zu der Gebühr von DM 0,75 monatlich für je 100 m Luftlinie noch der Ausfall an Gesprächsgebühren in Höhe von z. Zt. DM 15,— monatlich hinzu, weil es sich dann um eine Nebenanschlußleitung nach einer Zweitnebenstellenanlage mit mehr als einer Zweitnebenstelle handeln würde und Hauptanlage und Zweitnebenstellenanlage auf verschiedenen Grundstücken liegen.

F 49:   Was gilt nach der Fernsprechordnung in Bezug auf die Grenzen von Grundstücken?

A: Als verschiedene Grundstücke gelten alle Bodenflächen, die durch Mauern, Zäune oder anders so gegeneinander abgeschlossen sind, daß sie getrennt wirtschaftliche Einheiten bilden.

Zeichnerische Darstellung von Fernsprecheinrichtungen

Nachstehend werden auszugsweise die von der Deutschen Post im dienstlichen Schriftwechsel verwendeten zeichnerischen Darstellungen wiedergegeben (vergl. Beil. 1 der „Techn. Bestimmungen für Fernsprechnebenstellenanlagen" Neudruck 1950):

„Für die zeichnerische Darstellung von Fernsprecheinrichtungen auf den Teilnehmerpapieren, in Berichten usw. sind die nachctehenden Zeichen zu benutzen. Wenn sie zur Verdeutlichung nicht ausreichen, sind sie durch kurze Angaben zu ergänzen, z. B. bei Ausnahmehauptanschlüssen und Ausnahmenebenanschlüssen durch die Bezeichnung als solche, bei Vermittlungseinrichtungen durch die Baustufenbezeichnung. Muß eine Vermittlungseinrichtung als Wähleinrichtung gekennzeichnet werden, so ist das Viereck der Darstellung mit Winkeln (⌐_|) einzufassen. Gleichartige Leitungen sind nur einmal zu zeichnen; ihre Zahl ist an der Stelle, wo das Leitungszeichen beginnt, anzugeben. Ebenso genügt bei Apparaten die einmalige Darstellung mit der Angabe ihrer Zahl, wenn sich diese nicht schon aus der Leitungszahl ergibt."

Zeichen und Zeichenerklärungen:

Posteigene

Teilnehmereigene   Vermittlungseinrichtung einer Nebenstellenanlage

Private

Vermittlungseinrichtung einer Privatfernmeldeanlage

o   Anschlußorgan in Vermittlungseinrichtungen. (Es können nur die Organe miteinander verbunden werden, die in einer waagerechten Reihe stehen, s. Beispiele).

Posteigener   Teilnehmer-
eigener   Privater Reihen-apparat in einer Privatfernmelde-anlage

Reihen-apparat in Reihenanlagen mit Linientasten oder mit Wählern

⊙   Amtstasten oder -schalter in Reihenapparaten

•   Linientasten, Linienschalter oder Anschlußorgan zur Wähler-einrichtung in Reihenapparaten

▬   Hauptanschluß (Amtsleitung, auch in teilnehmereigeren und privaten Anlagen

———— Posteigene

— — — Teilnehmereigene   Leitung für Nebenanschlüsse, Querverbindungen, Abzweig-leitungen oder für Zusatz-einrichtungen

- - - - Private, zum öffent-lichen Netz gehörende

◄   Kennzeichen für eine Querverbindung   (Die Zeichen sind nahe der Anschlußstelle einzusetzen

◁   Kennzeichen für eine Abzweigleitung

◯   Amtsberechtigte   Nebenstelle mit gewöhnlichem Apparat

✕   Nichtamtsberechtigte

⊚   Rückfrageapparat (◯ Anschlußstelle für die Hauptleitung ● Anschlußstelle f. d. Rückfrageleitung)

⋯⋯ Leitung

✕   Sprechstelle   in einer Privatfernmeldeanlage

▨▨▨ Grenze zwischen Grundstücken

–✕–✕–✕– Grenze zwischen Ortsnetzbereichen

Abweichend von dieser Darstellung sind nachstehend für Amtsleitungen folgende Zeichen verwendet:

A ⟶⟵ doppelt gerichtete ⎫
A ⟵⟶ abgehend gerichtete ⎬ Amtsleitung
A ⟶⟶ ankommend gerichtete ⎭

Querverbindungen

F 50: Was versteht man unter Querverbindungen?

A: Eine Querverbindung dient dem Sprechverkehr zwischen selbständigen Nebenstellenanlagen, d. h., das Kennzeichen für eine Querverbindung ist, daß die Anlagen, die sie verbindet, eigene Amtsleitungen haben.

F 51: Dürfen Amtsverbindungen über eine Querverbindung von der einen zur anderen Anlage weitergegeben werden?

A: Ja, Amtsverbindungen dürfen über Querverbindungen in beiden Richtungen weitergegeben werden.

F 52: Dürfen Amtsleitungen über Querverbindungen zu einer anderen Anlage weitergegeben und mit den dort vorhandenen Amtsleitungen zusammengeschaltet werden?

A: Nein, es muß technisch verhindert sein, daß durch irgendwelche Maßnahmen Amtsleitungen mit Amtsleitungen verbunden werden können.

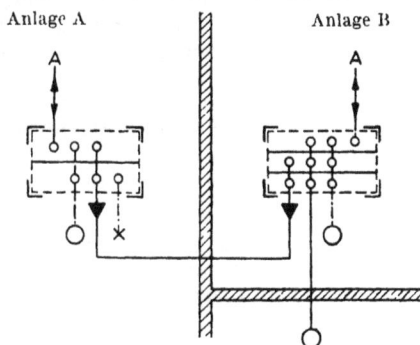

Anlage A   Anlage B

Abb. 6
Schematische Darstellung des Querverbindungsverkehrs zwischen zwei Nebenstellenanlagen

F 53: Sind für den Querverbindungsverkehr zwischen zwei W-Nebenstellenanlagen in jedem Falle Querverbindungsübertragungen notwendig?

A: Nein, in vielen Fällen genügt es, die Querverbindungsleitung z. B. bei der Anlage A auf ein Anschlußorgan für Nebenstellen und bei der Anlage B auf ein Anschlußorgan für Amtsleitungen zu legen.

F 54: Wie würde sich nach vorstehendem Beispiel der Sprechverkehr über die Querverbindungen abspielen?

A: Alle Rufe, die bei der Anlage B über die Querverbindung ankommen, müssen dort abgefragt und gegebenenfalls weitervermittelt werden.

Dagegen können von der Anlage B aus über die Querverbindung die Teilnehmer der Anlage A durch Wählen direkt erreicht werden.

Ebenso können die Amtsleitungen der Anlage A von den Teilnehmern der Anlage B benutzt werden, sofern das in A von der Querverbindungsleitung belegte Anschlußorgan für Nebenstellen „amtsberechtigt" geschaltet ist.

Bei A ankommende Amtsverbindungen können nach B weitergegeben werden, aber nicht umgekehrt.

F 55: Welche Möglichkeiten gibt es, wenn in vorstehend beschriebenem Beispiel auch die Weitergabe von Amtsverbindungen von B nach A gefordert wird?

A: Die einfachste Lösung für diese Forderung ist eine zweite Querverbindung, die bei der Anlage A auf einem Anschlußorgan für Amtsleitungen und bei B auf einem Anschlußorgan für Nebenstellen liegt.

Andere technische Lösungen erfordern Querverbindungsübertragungen und weitere Anschlußorgane auf beiden Seiten.

F 56: Welche Gebühren werden von der Deutschen Post für eine Regelquerverbindung erhoben?

A: An die Deutsche Post sind für die Zurverfügungstellung einer Regelquerverbindungsleitung, die in den Linien des öffentlichen Leitungsnetzes verläuft, z. Zt. folgende Gebühren zu entrichten:

DM 0,75 monatlich für je 100 m Luftlinienentfernung sowie

DM 15,— monatlich für den Ausfall an Gesprächsgebühren.

F 57: Wird die Gebühr für den Ausfall an Gesprächsgebühren von der Deutschen Post auch dann erhoben, wenn Hauptstellen beider Nebenstellenanlagen auf dem gleichen Grundstück liegen?

A: Nein, die Gebühr wird nur erhoben, wenn sich die Hauptstellen auf verschiedenen Grundstücken befinden.

F 58: Würde die Deutsche Post die Querverbindungsleitung auch erstellen, wenn die beiden privaten Nebenstellenanlagen, die sie verbindet, auf dem gleichen oder benachbarten Grundstück liegen?

A: Nein, Außenleitungen und Innenleitungen, die auf dem Grundstück der privaten Nebenstellenanlage verlaufen oder zu Nachbargrundstücken führen, werden nicht als posteigene Leitungen hergestellt.

F 59: Welcher Art können die Querverbindungen grundsätzlich sein?

A: Querverbindungen zwischen Nebenstellenanlagen, deren Hauptstellen auf verschiedenen Grundstücken liegen, sollen posteigen sein. Querverbindungen zwischen Nebenstellenanlagen, deren Hauptstellen auf demselben Grundstück liegen, können als posteigene, teilnehmereigene oder private hergestellt werden, wenn wenigstens eine der Nebenstellenanlagen entsprechender Art ist.

F 60: Welcher der Inhaber von Nebenstellenanlagen (A oder B) hat die Gebühren zu bezahlen für die Querverbindung von der Anlage A nach der Anlage B?

A: Die Gebühren für Querverbindungen werden jedem Teilnehmer zur Hälfte berechnet, wenn nichts anderes beantragt wird.

Abzweigleitungen

F 61: Was ist eine Abzweigleitung?

A: Eine Abzweigleitung verbindet eine Nebenstellenanlage mit einer Privatfernmeldeanlage (Fernsprechanlage ohne Amtsverkehr).

F 62: Werden Abzweigleitungen von der Deutschen Post ohne weiteres zugelassen?

A: Nein, sie werden nur zugelassen, wenn der Inhaber der Nebenstellenanlage ein dringendes Bedürfnis nachweist.

F 63: Dürfen Amtsverbindungen über Abzweigleitungen weitergegeben werden?

A: Nein, eine Verbindung von Abzweigleitungen mit Amtsleitungen muß stets technisch sicher verhindert sein, sonst dürfen Abzweigleitungen nicht eingerichtet werden.

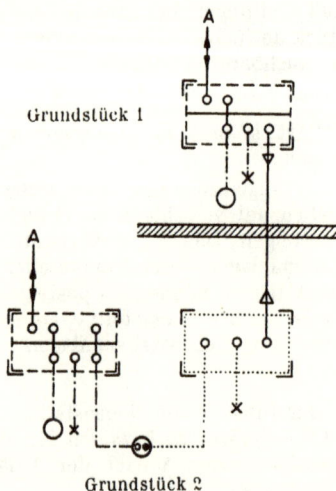

Abb. 7

Posteigene Abzweigleitung zwischen der Nebenstellenanlage auf dem Grundstück 1 und der Privatfernmeldeanlage auf dem Grundstück 2

F 64: Wird für Abzweigleitungen gleichfalls wie für Querverbindungen die Gebühr von DM 15,— monatlich für den Ausfall an Gesprächsgebühren von der Deutschen Post erhoben?

A: Ja, die Ausfallgebühr wird für Abzweigleitungen auch dann erhoben, wenn die Endpunkte der Leitung auf dem gleichen Grundstück liegen.

F 65: Dürfen Abzweigleitungen mit Querverbindungen zusammengeschaltet (verbunden) werden?

36

A: Ja, Abzweigleitungen dürfen mit Regelquerverbindungen und nach dem Ermessen der Deutschen Post auch
mit Ausnahmequerverbindungen zusammengeschaltet
werden. Es muß aber sichergestellt sein, daß über die
Querverbindungsleitungen Verbindungen mit Amtsleitungen nicht zustande kommen können.

F 66: Welcher Art muß die Abzweigleitung sein, wenn sie
eine private Nebenstellenanlage mit einer Privatfernmeldeanlage verbindet, die auf einem anderen Grundstück liegt?

A: Abzweigleitungen sollen in der Regel posteigen sein,
wenn die Nebenstellenanlage und die Privatfernmeldeanlage auf verschiedenen Grundstücken liegen. Abzweigleitungen, die Anlagen auf demselben Grundstück verbinden, müssen entsprechend der Art der
Nebenstellenanlage posteigen, teilnehmereigen oder
privat sein.

Privatfernmeldeanlagen

Fernsprechanlagen ohne Amtsverkehr (früher Hausanlagen
genannt), sind nach der Terminologie der Fernsprechordnung
„Privatfernmeldeanlagen".

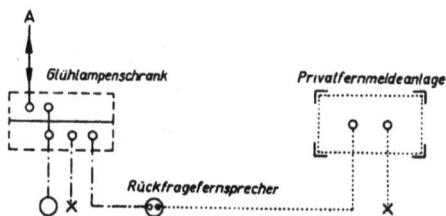

Abb. 8

Sie können als handbediente oder als Wähl-Anlagen ohne
jegliche Verbindung mit Nebenstellenanlagen erstellt werden.
Als solche dienen sie lediglich dem Sprechverkehr der an sie
angeschlossenen Teilnehmer.

Privatfernmeldeanlagen können aber auch mit Nebenstellenanlagen kombiniert werden. So kann z. B. eine hand-

bediente Nebenstellenanlage (Glühlampenschrank) mit einer W-Anlage (Privatfernmeldeanlage) derart vereinigt werden, daß alle oder ein Teil der Sprechstellen über eine Doppelleitung an die Nebenstellenanlage und über eine zweiteDoppelleitung an die Privatmeldeanlage angeschlossen werden (siehe Abb. 8). Diese Sprechstellen müssen dann mit Rückfragefernsprechern zu zwei Doppelleitungen ausgestattet sein (siehe Abb. 3).

F 67: In vorstehendem Beispiel sollte eine handbediente Nebenstellenanlage mit Glühlampenschrank durch eine W-Anlage, die nur für Innenverkehr bestimmt ist, ergänzt werden.

Können in diesem Falle beim Glühlampenschrank die Verbindungsorgane für den Hausverkehr entfallen, da dieser doch über die Wähl-Anlage abgewickelt werden kann?

Abb. 9
Wähleinrichtung ohne Amtsverkehr für 28 Teilnehmer

A: Nein! Nebenstellenanlagen — das ist in diesem Falle der Glühlampenschrank — müssen vollständig sein, d. h. sie müssen eigene Einrichtungen für die Herstellung der Amtsverbindungen in abgehender und ankom-

mender Richtung und für die Abwicklung der Gespräche innerhalb der Nebenstellenanlage in ausreichendem
Umfang haben. Hierdurch soll nicht ausgeschlossen
werden, daß daneben auch Verbindungen auf anderen
Wegen hergestellt werden, z. B. Innenverbindungen
zwischen Nebenstellen über Rückfrageleitungen zur
Vermittlungseinrichtung einer Privatfernmeldeanlage.
Unvollständige Nebenstellenanlagen, bei denen ein
Teil der Verbindungen, z. B. Innenverbindungen, über
die Einrichtungen anderer Anlagen (Nebenstellenanlagen oder Privatfernmeldeanlagen) abgewickelt
werden muß, dürfen nicht mehr eingerichtet werden.

F 68: Gelten die Leitungen von den Rückfragefernsprechern
zur Privatfernmeldeanlage als Abzweigleitungen, so
daß für sie der Ausfall an Gesprächsgebühren zu entrichten ist?

A: Nein, diese Leitungen gelten nicht als Abzweigleitungen, sondern sind eindeutig Rückfrageleitungen.

Merkblatt der Deutschen Post
für private Nebenstellenanlagen*)

1. Durch die Prüfung, die die Deutsche Post bei Ihrer privaten Nebenstellenanlage vornimmt, wird nur festgestellt, ob die Anlage an das öffentliche Fernsprechnetz angeschaltet werden kann. Die Deutsche Post und der Abnahmebeamte übernehmen mit der Prüfung keine Gewähr dafür, daß die Anlage in allen Teilen ordnungsgemäß arbeitet und daß der Hersteller der Anlage die Vorschriften des Verbandes Deutscher Elektrotechniker und der örtlichen Elektrizitätswerke befolgt hat. Für Mängel, die bei der Abnahme nicht bemerkt oder nicht beanstandet werden, ist Ihnen daher nur der Hersteller der Anlage oder sein Beauftragter verantwortlich.

2. Sollte die Anlage Rundfunkstörungen verursachen, so sind Sie verpflichtet, die Entstörung innerhalb einer von der zuständigen Rundfunkentstörungsstelle gestellten Frist auf Ihre Kosten zu veranlassen.

3. Bei der Hauptstelle (Abfrage- und Vermittlungsstelle für Amtsverbindungen) muß ein Verzeichnis der angeschlossenen amtsberechtigten und nichtamtsberechtigten Nebenstellen ausgehängt werden, in dem auch der Tag der Anschaltung für jede Nebenstelle anzugeben ist. Nebenstellen, die anderen zur ständigen Benutzung überlassen worden sind, müssen in dem Verzeichnis besonders gekennzeichnet sein.

4. Die private Nebenstellenanlage darf nur mit Genehmigung der Deutschen Post erweitert oder geändert werden. Die Genehmigung ist spätestens 3 Wochen vor Beginn der Arbeiten bei der Fernsprechanmeldestelle des ......amts in ...... auf dem vorgeschriebenen Formblatt schriftlich zu beantragen. Der Antrag muß in doppelter Ausfertigung eingereicht werden. Sollen nur einzelne Nebenstellen an die vorhandene Vermittlungseinrichtung angeschaltet werden, ohne daß diese selbst geändert wird, oder werden einer Reihenanlage einzelne Reihennebenstellen innerhalb der Ausbau-

---

*) Ein Merkblatt nachstehenden Inhalts wird von der Deutschen Post an alle Fernsprechteilnehmer gesandt, die die Anschließung einer privaten Nebenstellenanlage an das öffentliche Fernsprechnetz beantragt haben.

fähigkeit hinzugefügt, so genügt eine schriftliche Anmeldung vor der Anschaltung. Eine schriftliche Mitteilung ist auch nötig, wenn Nebenstellen nach der Abnahme anderen zur ständigen Benutzung überlassen werden. Wenn die genehmigte Schaltung eigenmächtig geändert wird oder wenn Sprechstellen ohne Wissen der Deutschen Post angeschaltet oder anderen zur ständigen Benutzung überlassen werden, ist die Deutsche Post berechtigt, unbeschadet einer etwaigen Verfolgung nach den Strafgesetzen und einer Nacherhebung der Gebühren, die Fernsprechanschlüsse zu sperren oder fristlos aufzuheben.

5. Die ordnungsgemäße Instandhaltung der Nebenstellenanlage ist nur als gesichert anzusehen, wenn die Anlage von einem zugelassenen Unternehmer oder durch eigene sachkundige Angestellte gewartet wird. Als sachkundig ist anzusehen, wer die Fachkenntnisse hat, die von der Deutschen Post für die Hersteller von privaten Nebenstellenanlagen und deren Angestellte vorgeschrieben sind. Wird die Wartung der Nebenstellenanlage einem anderen Unternehmer übertragen oder soll die Anlage künftig durch eigene Angestellte instand gehalten werden, so ist dies der Deutschen Post sogleich mitzuteilen.

6. Die Deutsche Post kann jederzeit prüfen, ob Ihre Nebenstellenanlage noch den Genehmigungsbedingungen entspricht. Ist dies nicht mehr der Fall, so sind Sie verpflichtet, die Anlage innerhalb einer hierfür gestellten Frist auf Ihre Kosten ändern zu lassen.

7. Den Beauftragten der Deutschen Post, die sich ordnungsmäßig ausweisen, dürfen Sie den Zutritt zu den Räumen, in denen sich Teile der privaten Nebenstellenanlage oder einer Privatfernmeldeanlage befinden, nicht verwehren. Es ist auch nicht zulässig, das Betreten Ihrer Räume davon abhängig zu machen, daß der Beauftragte der Deutschen Post schriftlich auf Schadensersatzansprüche gegen Sie verzichtet, wenn er in Ihrem Betrieb einen Schaden erleidet.

Zwischenumschalter

Allgemeines

Die Zwischenumschalter mit nur 2 Sprechstellen gehören zu den kleinsten Fernsprechanlagen, die vielfach auch „Kleinstanlagen" genannt werden.

Sie wurden früher als „Zwischenstellenumschalter" bezeichnet und bestehen aus einer Hauptstelle (früher Zwischenstelle genannt) und einer Nebenstelle (früher Endstelle genannt).

Von der Siemens & Halske Aktiengesellschaft wird zur Zeit als Zwischenumschalter die sogenannte

„Neha-Relais-Zentrale 1/1"

geliefert, bei der die Haupt- und die Nebenstelle mit einfachen W-Tischfernsprechern ausgerüstet ist (s. Abb. 31 W-Tischfernsprecher, Seite 106). Auch die Mix & Genest Aktiengesellschaft verwendet bei dieser Einrichtung, die sie „Nova-Anlage" nennt, für die Haupt- und die Nebenstelle normale W-Fernsprecher und eine von diesen getrennte Schalteinrichtung. Der Fernsprecher für die Hauptstelle einer Nebenstellenanlage mit Zwischenumschalter kann aber auch so ausgestaltet werden, daß die erforderlichen Schaltungsmittel in diesem selbst und in seinem Anschlußkasten untergebracht werden (s. Abb. 10, Seite 46).

Man unterscheidet:

Handbediente Zwischenumschalter und
selbsttätige Zwischenumschalter.

Zwischenumschalter, die von der Deutschen Post erstellt werden, benötigen meistens keine Batterien, da die Stromversorgung dieser Einrichtungen vielfach über die Amtsadern aus der Amtsbatterie vorgenommen wird.

Zwischenumschalter können auch als Zweitnebenstellenanlagen (s. Seite 28) eingesetzt werden. Das Anschlußorgan für die Amtsleitungen des Zwischenumschalters wird dann mit einer zu einer Nebenstellenanlage (Hauptanlage) führenden Nebenanschlußleitung verbunden. Die Abfragestelle des Zwischenumschalters gilt in diesem Falle als „Erstneben-

stelle" und die Nebenstelle des Zwischenumschalters als
„Zweitnebenstelle". Beide zusammen bilden die Zweitnebenstellenanlage.

Da nach der Fernsprechordnung nur bei „Zweireihen-
anlagen" der Anschluß von Außennebenstellen untersagt ist,
darf nach Ansicht des Verfassers die Zweitnebenstelle eines
Zwischenumschalters auch auf einem anderen Grundstück
erstellt werden als die Erstnebenstelle, die wiederum nicht
auf dem Grundstück der Nebenstellenanlage zu liegen braucht.

An die Haupt- oder die Nebenstelle, bei Bedarf auch an
beide, dürfen zweite Sprechapparate (s. Seite 181) angeschlossen werden.

Zwischenumschalter mit Handvermittlung der Amtsgespräche in beiden Richtungen
(Handbedienter Zwischenumschalter)

Technische Beschreibung
eines handbedienten Zwischenumschalters der Telefonbau und Normalzeit G. m. b. H.*)

Allgemeines

An die Anlage können zwei Sprechstellen, 1 Abfragestelle
und 1 Nebenstelle angeschlossen werden.

Von der Abfragestelle aus kann die Verbindung mit der
Amtsleitung unmittelbar hergestellt werden. Amtsverbin-
dungen für die Nebenstelle müssen in jedem Falle bei der
Abfragestelle vermittelt werden.

Vermittlungseinrichtung (Abfragestelle)

Die Vermittlungseinrichtung der Abfragestelle besteht aus
einem Tischfernsprecher (nach Art der Reihenapparate), der
eine Amts-Rückfragetaste (Wechselschalter mit Rückfrage-
zusatz), ein optisches Überwachungszeichen (Schauzeichen),
einen Gleichstromwecker für den Ruf von der Nebenstelle
und je eine Ruf- und Zuteiltaste für den Verkehr mit der
Nebenstelle enthält.

Der Wecker für den Amtsruf, der Nachtumschalter sowie
die notwendigen Schaltmittel wie Relais, Kondensatoren,

---

*) Sinngemäß (mit freundlicher Genehmigung) entnommen dem Buch:
„Fernmeldetechnik der ‚Telefonbau und Normalzeit'" (herausgegeben
von der Telefonbau und Normalzeit G.m.b.H., Frankfurt/M. 1949).

Drosselspulen usw. sind in einem Beikasten untergebracht. Für den Ruf zur Nebenstelle ist außerdem noch ein Polwechsler oder ein Kleinumspanner erforderlich.

Nebenstelle

Die Nebenstelle ist über eine Doppelleitung an die Vermittlungseinrichtung angeschlossen und mit einem normalen W-Fernsprecher ausgestattet.

Sie kann als innenliegende oder auch auf einem anderen Grundstück als außenliegende Nebenstelle angeschlossen werden.

Innenverkehr
Abfragestelle - Nebenstelle

Nach Abheben des Handapparates ist die Abfragestelle direkt mit der Nebenstelle verbunden. Durch Drücken der nichtsperrenden Ruftaste erfolgt der Anruf bei der Nebenstelle. Nach Abheben bei der Nebenstelle ist die Sprechverbindung hergestellt.

Nebenstelle - Abfragestelle

Bei der Nebenstelle wird der Handapparat abgehoben und zwecks Anruf bei der Hauptstelle die Ziffer 1 gewählt, wodurch dort ein kurzer Ruf ertönt (Gleichstromwecker).

Durch mehrmaliges Ablaufenlassen des Nummernschalters kann der Ruf beliebig oft wiederholt werden.

Wird von der Abfragestelle aus gerade über die Amtsleitung gesprochen, so kann der Teilnehmer der Abfragestelle sich mit dem Anrufenden durch Drücken der Rückfragetaste in Verbindung setzen und ihm hiervon Mitteilung machen.

Abgehender Amtsverkehr
von der Abfragestelle aus

Das Schauzeichen zeigt an, ob die Amtsleitung frei oder von der Nebenstelle aus besetzt ist.

Der Teilnehmer nimmt den Handapparat ab und drückt die Amtstaste. Dadurch wird sein Sprechgerät unmittelbar mit der Amtsleitung verbunden und die Leitung zur Nebenstelle abgeschaltet.

von der Nebenstelle aus

Die Abfragestelle wird, wie vorher beschrieben, durch Wählen der Ziffer 1 gerufen. Dort wird abgefragt und die

Verbindung „Nebenstelle-Amt" durch kurzzeitiges Drücken der nichtsperrenden Zuteiltaste hergestellt. Die Trennung nach Beendigung des Gespräches erfolgt selbsttätig.

Rückfrage der Abfragestelle

Will der Teilnehmer während eines Amtsgesprächs bei der Nebenstelle eine Rückfrage halten, so wird durch Drücken der Rückfragetaste sein Sprechgerät von der Amtsleitung abgeschaltet und an die Leitung zur Nebenstelle gelegt; die Amtsverbindung wird hierbei gehalten. Mittels Ruftaste wird die Nebenstelle angerufen. Das Rückfragegespräch kann vom wartenden Amtsteilnehmer nicht mitgehört werden.

Rückfrage der Nebenstelle

Für die Nebenstelle ist eine Rückfragemöglichkeit zur Hauptstelle normaler Weise nicht vorgesehen.

Ankommender Amsverkehr

Bei einem Amtsruf ertönt der Wecker im Fernsprecher der Abfragestelle. Nach Abheben des Handapparates und Drükken der Amtstaste ist der Teilnehmer sofort mit der Amtsleitung verbunden und fragt ab. Ist das Gespräch für die Nebenstelle bestimmt, so wird diese in „Rückfrage" angerufen und das Gespräch angeboten. Die Zuteilung der Amtsverbindung an die Nebenstelle erfolgt durch kurzen Druck auf die Zuteiltaste; es kann nun bei der Abfragestelle der Handapparat aufgelegt werden. Die Trennung der Verbindung nach Einhängen des Handapparates bei der Nebenstelle erfolgt selbsttätig.

Nachtschaltung

Durch Umlegen des Nachtschalters kann eine Dauerverbindung „Amt-Nebenstelle" hergestellt werden. Ankommende Amtsrufe gelangen dann unmittelbar zur Nebenstelle.

Stromversorgung

Die Anlage kann entweder aus einer 12-Volt-Batterie oder mittels Netzanschlußgerät aus dem Wechselstromlichtnetz gespeist werden.

Besonderes

Der Zwischenumschalter kann auch in Reihenanlagen mit einer Außennebenstelle (siehe diese) als Vermittlungseinrichtung verwendet werden.

Hierfür ist ein Besetztsummer vorgesehen, der dann in Tätigkeit tritt, wenn die amtsbesetzte Außennebenstelle von einer Reihenstelle aus angerufen wird. Das Besetztzeichen wird als Summerzeichen vom rufenden Teilnehmer wahrgenommen.

Handbedienter Zwischenumschalter der Deutschen Post

Nachstehend soll noch kurz auf die Verkehrsmöglichkeiten und hauptsächlichsten Merkmale eines, von der Post häufig erstellten, handbedienten Zwischenumschalters eingegangen werden:

Zwischenumschalter SA 25 b

Der aus dem Zwischenumschalter SA 25 entwickelte und verbesserte Zwischenumschalter SA 25 b ist in Schrankform (SA 25 b Schr) oder als Tischfernsprecher (SA 25 b Ti) anzutreffen. Schaltung und Bedienungsweise beider Geräte stimmen überein.

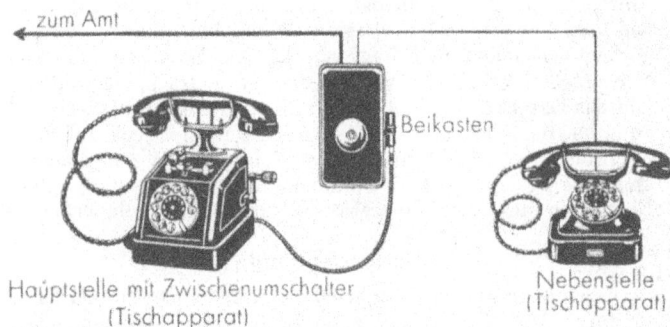

zum Amt

Beikasten

Haúptstelle mit Zwischenumschalter
(Tischapparat)

Nebenstelle
(Tischapparat)

Anlage mit 1 Haupt- und 1 Nebenstelle; bei der Hauptstelle ein Zwischenumschalter

Abb. 10

Die Verkehrsmöglichkeiten und Merkmale der Zwischenumschalter SA 25 b Ti und Schr sind folgende:

1. Keine Stromversorgungseinrichtung erforderlich, sondern Speisung aus der Amtsbatterie.

2. Geeignet zum Anschluß an ZB- oder W-Amt.

3. Amtsverkehr der Nebenstelle in beiden Richtungen nur durch Vermittlung bei der Abfragestelle.

4. Der Teilnehmer der Abfragestelle kann während eines Amtsgespräches Rückfrage bei der Nebenstelle halten.

5. Die Nebenstelle wird von der Abfragestelle aus mittels Kurbelinduktor angerufen.

6. Die Nebenstelle erhält einen gewöhnlichen Fernsprecher mit oder ohne Nummernschalter.

7. Soll der Nebenstellenteilnehmer die Möglichkeit erhalten, während eines Amtsgespräches „Eintretezeichen" zur Abfragestelle zu geben, so muß hierfür sein Fernsprecher mit einer Taste ausgestattet werden.

8. Der Nebenstellenteilnehmer (Endstelle) kann die Abfragestelle (Zwischenstelle) auch dann erreichen, wenn von dieser aus mit dem Amt gesprochen wird.

9. Mithören und Mitsprechen bei Amtsverbindungen kann nur für die Abfragestelle vorgesehen werden.

10. Die Amtsleitung kann direkt zur Nebenstelle durchgeschaltet werden (Nachtschaltung = „Amtsdauerverbindung").

Bei einer Amtsdauerverbindung (Nachtschaltung) besteht für die Nebenstelle gleichfalls die Möglichkeit, der Abfragestelle „Eintretezeichen" zu geben. Jedesmal, wenn bei der Nebenstelle die Taste gedrückt wird, schlägt der Wecker bei der Abfragestelle einmal an.

Durch Einbau eines Zusatz-Relais kann erreicht werden, daß der Wecker (genau wie bei der „Tagesschaltung") solange ertönt, wie bei der Nebenstelle die Taste gedrückt wird.

Zwischenumschalter mit selbsttätiger Durchschaltung der Nebenstelle zum Amt (Selbsttätiger Zwischenumschalter)

Technische Beschreibung eines selbsttätigen Zwischenumschalters Siemens-NEHA-Wählanlage 1/1

Allgemeines

An die Anlage sind zwei Sprechstellen (1 Haupt- und 1 Nebenstelle) angeschlossen. Der Verkehr von einem Teilnehmer zum anderen (Innenverkehr) sowie der abgehende Amtsver-

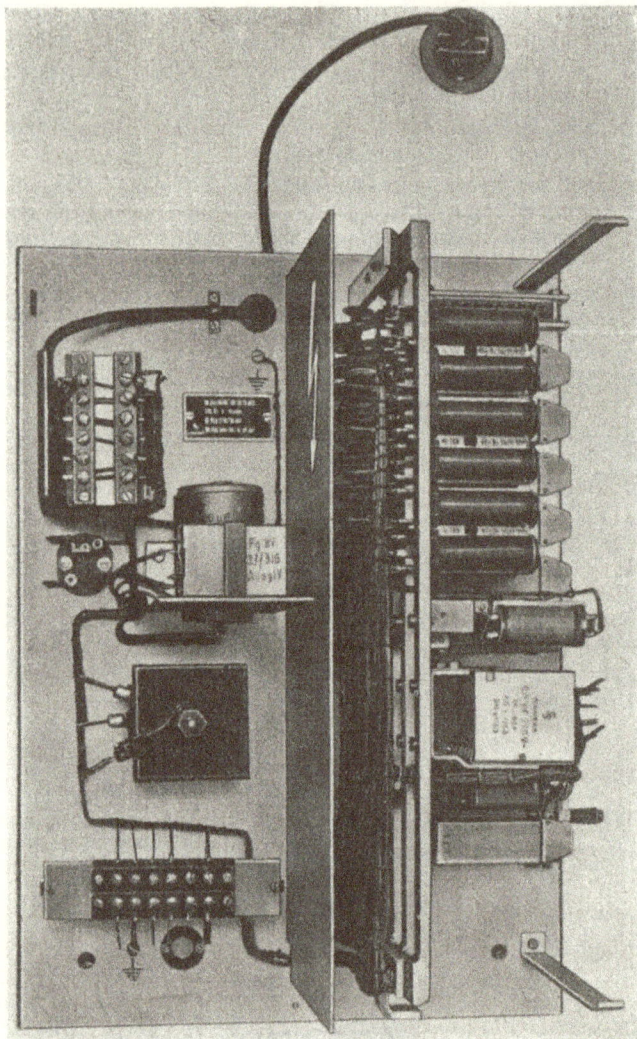

Abb. 11 Selbsttätiger Zwischenumschalter
(SIEMENS-NEHA-RELAIS-ZENTRALE $^1/_1$)
zur Verdeutlichung in Großaufnahme

kehr werden selbsttätig abgewickelt. Ankommende Amtsrufe werden im allgemeinen an der Hauptstelle angenommen und von dieser gegebenenfalls nach der Nebenstelle weitergeleitet.

Wähleinrichtung

Die Verbindungen werden sowohl für den Innenverkehr als auch im ankommenden und abgehenden Amtsverkehr ausschließlich über Relaisanordnungen hergestellt. Die gesamte Einrichtung ist in einem kleinen staubschließenden Wandgehäuse eingebaut.

Leitungsnetz

Die Sprechstellen sind über je eine Doppelleitung an die Wähleinrichtung angeschlossen und haben außerdem einen gemeinsamen Erdanschluß.

Sprechstellen

Für Haupt- und Nebenstelle werden die gleichen einfachen Fernsprecher mit Nummernschalter und Taste verwendet. Die Nebenstelle kann sowohl eine innenliegende als auch eine außenliegende Sprechstelle sein, d. h. auch auf einem anderen Grundstück als die Hauptstelle liegen.

Innenverkehr

Der Anruf der anderen Sprechstelle (Innenverkehr) findet durch Wählen einer beliebigen Nummer statt.

Durch das Betätigen des Nummernschalters wird der Ruf bei der anderen Sprechstelle veranlaßt. Durch Wahl verschiedener Ziffern können verschieden lange Rufzeichen gegeben werden, um u. U. den Anruf für bestimmte Personen kenntlich zu machen.

Führt der andere Teilnehmer bereits ein Gespräch, so erhält der Rufende beim Abheben des Handapparates das Besetztzeichen (Dauersummen).

Abgehender Amtsverkehr

Die Amtsleitung wird jeweils durch Drücken der Taste am Fernsprecher belegt.

Ist die Amtsleitung bereits besetzt, so ertönt, wie schon unter ,,Innenverkehr'' erwähnt, sofort beim Abheben das Besetztzeichen.

Ist die Amtsleitung frei, so erhält der Teilnehmer das Wählzeichen des öffentlichen Amtes (Amtszeichen) und kann mit der Wahl des gewünschten Teilnehmer-Anschlusses beginnen.

Ist das öffentliche Amt handbedient, so muß nach Belegen der Amtsleitung das Melden der Beamtin abgewartet werden.

Ankommender Amtsverkehr

Bei einem ankommenden Amtsruf ertönt der Wecker der Hauptstelle. Durch Abheben des Handapparates ist die Verbindung mit dem Amtsteilnehmer hergestellt. Wird der Nebenstellenteilnehmer verlangt, so wird dieser von der Hauptstelle aus in „Rückfrage" angerufen (siehe später) und kann das Amtsgespräch übernehmen. Führen die Teilnehmer bei einem ankommenden Amtsruf ein Innengespräch, so wird ihnen dieser durch einen Summerton im Takt des Amtsrufes angezeigt. Die Amtsverbindung kann dann von einem der beiden Teilnehmer durch Tastendruck übernommen werden.

Rückfrage

Will ein Teilnehmer während eines Amtsgespräches die andere Sprechstelle zwecks Auskunft usw. anrufen (= Rückfrage), so drückt er kurzzeitig die Taste seines Fernsprechers. Dadurch wird die Amtsverbindung von ihm abgetrennt, und er kann den anderen Teilnehmer in geheimer Rückfrage anrufen. Nach Beendigung der Rückfrage wird die Amtsverbindung durch Tastendruck wieder übernommen.

Umlegen einer Amtsverbindung

Zum Umlegen eines Amtsgespräches wird die andere Sprechstelle in Rückfrage angerufen. Dieser Teilnehmer kann dann seinerseits die Amtsverbindung durch kurzzeitiges Drücken der Taste übernehmen.

Mitsprechen bei der Hauptstelle

Von der Hauptstelle aus kann durch Drücken der Erdungstaste an Amtsgesprächen der Nebenstelle teilgenommen werden.

Nachtschaltung

Durch Umlegen des Nachtschalters werden die ankommenden Amtsrufe unabhängig von der Rufweiterschaltung (siehe Ergänzungsausstattung) sofort an beiden Sprechstellen kenntlich gemacht.

Stromversorgung

Die Betriebsspannung beträgt 24 V. Derartige Anlagen werden sowohl für Batteriespeisung als auch für Netzspeisung geliefert. Netzspeisung wird dort bevorzugt, wo die Anschlußmöglichkeit an ein Wechselstromnetz (50 Hz und 110, 125, 220 oder 240 V) besteht.

Der Netzteil — Transformator, Trockengleichrichter und Siebkette — ist zusammen mit der Relaisanordnung in dem Wandgehäuse untergebracht.

Bei Batteriespeisung werden die Betriebszeichen durch einen eingebauten Polwechsler erzeugt.

Ergänzungsausstattungen

Selbsttätige Rufweiterschaltung

Wird bei der Hauptstelle ein Amtsruf nicht innerhalb von etwa 25 Sekunden abgefragt, so wird er selbsttätig zur Nebenstelle weitergeschaltet. Danach läuten die Wecker beider Sprechstellen im Takt des Amtsrufes. Nach dem Abheben des Handapparates bei der Nebenstelle ist diese mit dem Amtsteilnehmer verbunden.

Mitsprechen bei der Nebenstelle

Auch für die Nebenstelle kann Mithör- und Mitsprechmöglichkeit bei Amtsgesprächen vorgesehen werden,

Besonderes

Bei netzgespeisten Einrichtungen können von der Hauptstelle aus auch bei Ausfall des Netzes Amtsgespräche geführt werden. Die Hauptstelle wird bei Ausfall des Netzes selbsttätig unmittelbar an die Amtsleitung angeschaltet.

Zusatzeinrichtungen

Die Fernsprecher können auf Wunsch über Stecker und Anschlußdose angeschaltet und so in verschiedenen Räumen verwendet werden. Auch läßt sich jeder Sprechstelle ein zusätzlicher Fernsprecher als sogenannter „zweiter Sprechapparat" zuordnen.

Durch zweite Wecker können ferner die Rufe in Nebenräumen wahrnehmbar gemacht werden. Es ist auch der Anschluß von zweiten Hörern möglich, um die Verständigung in geräuscherfüllten Räumen zu verbessern.

Auf Wunsch kann ein optisches Besetztzeichen vorgesehen werden, durch das Gespräche auf der Amtsleitung angezeigt werden.

Zwischenumschalter

Fragen und Antworten

F 69: Zu welcher Gruppe von Nebenstellenanlagen gehört nach der Terminologie der Fernsprechordnung eine Siemens-Neha-Relaiszentrale 1 1?

A: Eine Neha-Relaiszentrale 1 1 ist nach der Terminologie der Fernsprechordnung ein Zwischenumschalter mit selbsttätiger Durchschaltung der Nebenstelle zum Amt. Er wird auch selbsttätiger Zwischenumschalter genannt (Abb. 11.)

F 70: Wie aus der Beschreibung ersichtlich ist, besteht bei den Siemens-Relais-Zentralen 1 1 Mitsprechmöglichkeit für die Hauptstelle. Welche Gebühren hat der Teilnehmer für die Mitsprecheinrichtung nach der Fernsprechordnung zu bezahlen?

A: Da die Mitsprecheinrichtung für die Hauptstelle zur Regelausstattung für derartige Anlagen gehört, wird sie gebührenfrei geliefert.

F 71: Darf die gebührenfreie Mitsprechmöglichkeit — an Stelle der Hauptstelle — der Nebenstelle eines Zwischenumschalters zugeordnet werden?

A: Auf Wunsch des Teilnehmers kann die Mitsprechmöglichkeit bei der Hauptstelle verhindert und für die Nebenstelle vorgesehen werden. Die Mitsprechmöglichkeit bei der Nebenstelle gehört aber nicht zur Regelausstattung, sondern sie ist eine Ergänzungseinrichtung. Daher werden die in der Fernsprechordnung vorgesehenen Preise und Gebühren gefordert.

F 72: Ist es zulässig, die Nebenstelle so zu schalten, daß sie während der Tagesschaltung nicht ohne Vermittlung mit der Amtsleitung verkehren kann?

A: Ja, die Schaltung der Nebenstelle bei der Tagstellung als halb amtsberechtigte Nebenstelle ist in der Regelausstattung für selbsttätige Zwischenumschalter vorgesehen.

F 73: Kann und darf in besonderen Fällen ein selbsttätiger Zwischenumschalter aus einer Primärbatterie gespeist werden?

A: Ja, es ist möglich und zulässig, für derartige Anlagen eine Primärbatterie als Stromversorgungseinrichtung vorzusehen.

F 74: Wer trägt nach der Fernsprechordnung die Kosten, wenn die Primärbatterie einer Fernsprechmietanlage mit selbsttätigem Zwischenumschalter erneuert werden muß?

A: Der Ersatz der Primärbatterie geht zu Lasten des Teilnehmers.

F 75: Wie kann notfalls eine Erweiterung einer Nebenstellenanlage mit Zwischenumschalter vorgenommen werden?

A: Zwischenumschalter lassen sich nicht erweitern, man kann aber durch „zweite Sprechapparate" weitere Sprechmöglichkeiten schaffen.

F 76: Was ist über die „Rückfrage- und Umlegemöglichkeit" für die Nebenstelle zu sagen?

A: Diese Verkehrsmöglichkeit gehört nach der Fernsprechordnung von 1950 nicht mehr zur Ergänzungs-, sondern zur Regelausstattung; sie kann daher, sofern sie fertigungsmäßig im Gerät vorhanden ist, nicht besonders berechnet werden, sondern ist mit den Gebühren bzw. mit dem Preis für den Zwischenumschalter abgegolten.

F 77: Kann ein Teilnehmer nachträglich auf den Einbau einer gebührenfreien „Rückfragemöglichkeit für die Nebenstelle" bestehen?

A: Nein, in der Regelausstattung heißt es unter Punkt 2b: „Rückfrage- und Umlegemöglichkeit der Nebenstelle zur Hauptstelle ohne Mithörmöglichkeit des fernen Teilnehmers (kann fehlen)". Die Lieferfirmen können daher auch Einrichtungen liefern, bei denen dieser Punkt der Regelausstattung nicht erfüllt ist.

F 78: Ist der nachträgliche Einbau der „Rückfragemöglichkeit für die Nebenstelle" überhaupt in der Fernsprechordnung vorgesehen?

A: Ja, es heißt bei der Ergänzungsausstattung für „selbsttätige Zwischenumschalter" unter Punkt 1: „Während einer Amtsverbindung der Nebenstelle entweder Anruf der Hauptstelle zu einer Rückfrage durch hörbares

Zeichen oder hörbares Eintretezeichen für die Hauptstelle, auch in Dauerverbindungen, soweit nicht durch Punkt 2b der Regelausstattung erfüllt".

F 79: Ist die „selbsttätige Amtsrufumschaltung von der Hauptstelle zur Nebenstelle" gebührenfrei?

A: Nein, diese Einrichtung gehört auch nach der Fernsprechordnung von 1950 zur Ergänzungsausstattung und kann nach der Technischen Verwaltungsanweisung § 6, 5 nur bei Zwischenumschaltern mit selbsttätiger Durchschaltung der Nebenstelle zum Amt verwendet werden.

F 80: Dürfen Zwischenumschalter auch im Anschluß an OB-Ämter verwendet werden?

A: In den Regelausstattungen für Zwischenumschalter heißt es: „Geeignet zum Anschluß an ZB- und W-Ämtern", das bedeutet, daß die Regelausstattungen nur für den Anschluß an diese Ämter gelten, beim Anschluß an OB-Ämter, der gleichfalls zulässig ist, aber keine Gültigkeit haben.

Nebenstellenanlagen mit Handvermittlung für alle Gespräche
(Handbediente Nebenstellenanlagen)

Allgemeines

Die Vermittlungseinrichtung mit ihren Arbeitsplätzen ist die Hauptstelle einer handbedienten Nebenstellenanlage. Sie besteht aus einem oder mehreren Vermittlungsschränken und ist mit einem oder mehreren Arbeitsplätzen ausgestattet.

Nach Art der Kenntlichmachung der Anrufe werden unterschieden:

Fallklappenschränke[1]),
Rückstellklappenschränke[1]),
Schauzeichen- und
Glühlampenschränke.

Je nach der Art der Vermittlung der Amtsverbindungen unterscheidet man Glühlampenschränke nach dem

---

[1]) Neue Klappen- und Rückstellklappenschränke werden von der Deutschen Post nicht mehr beschafft; sie werden daher nicht als teilnehmereigen abgegeben.

Einschnur- und nach dem
Zweischnur-Prinzip.

Die Vermittlung der Innenverbindungen wird jedoch auch
bei Glühlampenschränken nach dem Einschnur-Prinzip (für
den Amtsverkehr) mittels Schnurpaaren, also nach dem Zweischnur-Prinzip vorgenommen.

Die Abfrageeinrichtung besteht aus einem Sprechgerät
(Handapparat oder Kopfhörer mit Brustmikrofon oder einer
„leichten Kopfgarnitur") und den zugehörigen Schaltmitteln;
sie ist ein Teil des Arbeitsplatzes.

Eine zweite Abfrageinrichtung (auch zweite Abfragemög-
lichkeit genannt) gehört stets zur Ergänzungsausstattung.
Nach der Regelausstattung wird für jeden Arbeitsplatz ein
Handapparat zum Abfragen geliefert, der entweder mit der
Einrichtung fest verbunden oder über einen Stöpsel anschalt-
bar ist. Bei Bedarf kann ausnahmsweise statt eines losen

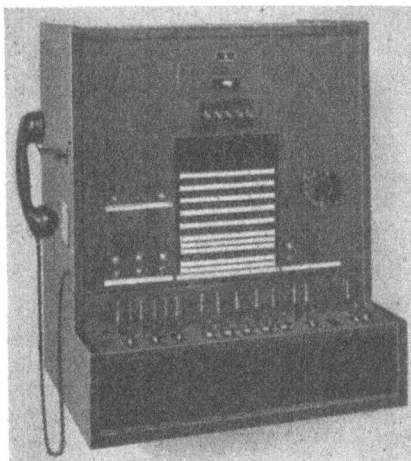

Abb. 12
Glühlampenschrank für Tischaufstellung
(Baustufe B)
Aus der Fertigung der Siemens & Halske Aktiengesellschaft

Handapparates ein tragbarer Tischapparat benutzt werden,
wenn mit ihm die Abfragestelle ordnungsgemäß bedient
werden kann.

Nach der Fernsprechordnung können handbediente Nebenstellenanlagen mit Glühlampenschränken in folgenden Baustufen geliefert werden:

Baustufe	Mindestausbau	Endausbau
A	2/10/1[1])	3/30/3[1])
B	3/30/3[1])	5/50/5[1])
C	5/50/5[1])	10/100/10[1])

D. h. der Mindestausbau der Baustufe A sieht

2 Anschlußorgane für Amtsleitungen,
10 Anschlußorgane für Nebenstellen und
1 Verbindungsorgan (Schnurpaar) für den Innenverkehr vor.

Größere Glühlampenschränke können durch Nebeneinanderstellen von mehreren Glühlampenschränken der Baustufe C gebildet werden.

Der Endausbau 10/100/10 kann bis zur Höchstgrenze 15/150 überschritten werden, bei Anlagen, bei denen nur wenig Innengespräche geführt werden, wie in Hotelbetrieben, Krankenhäusern usw.

Technische Beschreibung eines Siemens-Glühlampenschrankes nach dem Einschnur-Prinzip

Allgemeines

Alle Gesprächsverbindungen der angeschlossenen Sprechstellen werden von Hand durch eine Bedienungsperson hergestellt. Für den Innenverkehr (Hausverkehr) sind besondere Schnurpaare vorgesehen. Die Verbindungen mit dem öffentlichen Fernsprechamt für den ankommenden und abgehenden Amtsverkehr werden, gleichfalls von der Bedienungsperson, jedoch über Einschnurstöpsel (Amtsstöpsel) vermittelt. Der Ruf nach den Sprechstellen erfolgt selbsttätig*) nach Herstellen einer Verbindung. Während eines Amtsgespräches kann Rückfrage nach den anderen Sprechstellen gehalten werden.*)

---

[1]) Bei vorstehenden Baustufen ist nur die Zahl der Innenverbindungssätze (Schnurpaare) angegeben; die Verbindungsorgane für Amtsleitungen (Einschnurstöpsel oder Schnurpaare) sind in diesen Angaben nicht mit einbegriffen.
*) Ergänzungsaustastungen, die auf Wunsch vorgesehen werden.

Sprechstellen

Als Sprechstellen für diese Anlage kommen in Betracht:

1. Amtsberechtigte Nebenstellen, das sind Nebenstellen, die so geschaltet sind, daß von ihnen aus Gespräche in das öffentliche Fernsprechnetz geführt werden können, nachdem die Verbindung von Hand durch die Vermittlung hergestellt worden ist.

2. Nicht amtsberechtigte Nebenstellen, das sind Nebenstellen, die nur für den Verkehr innerhalb der Anlage (Innenverkehr) zugelassen sind.

Es ist möglich, eine Gruppe von nicht amtsberechtigten Nebenstellen in eine amtsberechtigte Gruppe umzuwandeln und umgekehrt.

Nach ihrer Lage werden noch innenliegende und außenliegende Nebenstellen unterschieden.

Außenliegende Nebenstellen befinden sich nicht auf demselben Grundstück wie die Hauptstelle der Anlage. Sie können je nach Bedarf angeschlossen werden und haben die gleichen Verkehrsmöglichkeiten wie innenliegende Nebenstellen.

Die Fernsprecher

Die Fernsprecher von amtsberechtigten und nicht amtsberechtigten Nebenstellen unterscheiden sich nur durch eine Taste, mit der die Fernsprecher der amtsberechtigten Nebenstellen ausgerüstet sind.

Die Hauptstelle (Abfragestelle)

Je nach der Baustufe kann die Hauptstelle in Form eines Tischschrankes (bei kleineren Anlagen) oder in Form eines Standschrankes (bei größeren Anlagen) erstellt werden Sie enthält alle für die Bedienung erforderlichen Teile, wie Nummernschalter, Abfrage- und Verbindungsstöpsel mit den hierzu gehörenden Schaltern, Einschnur-Amtsstöpsel, Anruf- und Besetztlampen usw. Die Gesprächsschlußzeichengabe erfolgt optisch durch Schlußlampen und gegebenenfalls auch akustisch durch einen abstellbaren Wecker.

Die Anpassung an die jeweils in Betracht kommende Vermittlungsstelle (öffentliches Fernsprechamt) bereitet keinerlei Schwierigkeiten.

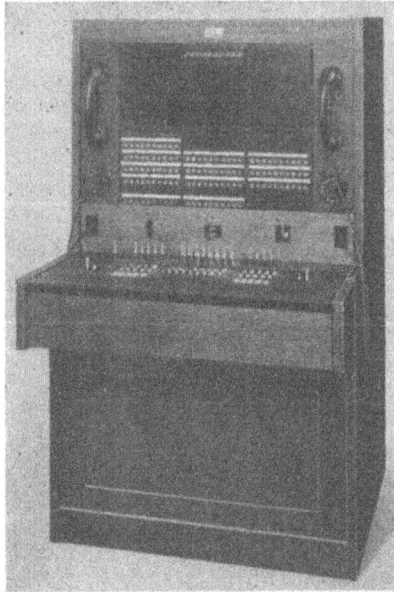

Abb. 13
Glühlampen-Standschrank
(Baustufe C) eingerichtet für zweiplätzige Bedienung
mit zweiter Abfragemöglichkeit
Aus der Fertigung der Siemens & Halske Aktiengesellschaft

Das Leitungsnetz

Von der Hauptstelle aus führt nur je eine Doppelleitung
nach den einzelnen Sprechstellen. Die amtsberechtigten
Nebenstellen erhalten zusätzlich einen gemeinsamen Erdanschluß.

Ankommender Amtsverkehr
Abfragen, Verbinden und Rufen

Ein ankommender Amtsruf wird an der Abfragestelle durch
das Leuchten der zugehörigen Anruflampe angezeigt; gleichzeitig wird eine Kontrollampe eingeschaltet und außerdem auf
den Amtsruf durch ein (abschaltbares) Weckerzeichen aufmerksam gemacht. Durch das Umlegen des dieser Amtsleitung zugeordneten Abfrageschalters ist die Bedienungs-

person sofort mit dem rufenden Amtsteilnehmer verbunden. Zum Weiterverbinden mit dem gewünschten Teilnehmer wird der Amtsstöpsel in die betreffende Teilnehmerklinke gesteckt und der Abfrageschalter in die Ruhestellung gebracht. Der Ruf bei der gewünschten Nebenstelle erfolgt selbsttätig nach Zurücklegen des Schalters. Eine der beiden Schlußlampen, die dem Amtsstöpsel zugeordnet sind, leuchtet solange, bis sich der gerufene Teilnehmer durch Abnehmen seines Handapparates meldet. Hieran erkennt die Bedienungsperson das Zustandekommen der Verbindung. Während des Gespräches leuchtet keine der beiden Schlußlampen.

Wartestellung (Halten einer Amtsverbindung)

Kann eine ankommende Amtsverbindung nicht sofort an die verlangte Nebenstelle weitergegeben werden, weil der Anschluß anderweitig besetzt ist, so wird der Amtsstöpsel in eine freie Warteklinke gesteckt, wodurch die Verbindung mit dem Amtsteilnehmer aufrechterhalten wird. Zur Überwachung leuchtet während dieser Zeit die zur Warteklinke gehörende Wartelampe. Ist der Nebenstellenanschluß frei geworden, so wird — wie vorher beschrieben — nach Umlegen des Abfrageschalters und Stecken des Amtsstöpsels in die Nebenstellenklinke der gewünschte Teilnehmer selbsttätig gerufen.

Rückfrage

Will ein Teilnehmer während eines Amtsgespräches eine andere Nebenstelle zwecks Auskunft usw. anrufen (= Rückfrage), so drückt er kurzzeitig die Taste seines Fernsprechers. Für jede Amtsleitung ist eine besondere Rückfragelampe vorgesehen, die hierdurch zum Leuchten gebracht wird. Als weiteres Signal flackert eine der beiden Schlußlampen des betreffenden Amtsstöpsels solange, bis die Bedienungsperson den Abfragestöpsel eines freien Schnurpaares für Innenverkehr in die je Amtsleitung vorgesehene Rückfrageklinke gesteckt hat. Die Bedienungsperson legt den Abfrageschalter des Schnurpaares in die Abfragestellung um und nimmt den Wunsch des Teilnehmers entgegen. Die Verbindung mit dem verlangten Teilnehmer wird durch Stecken des Verbindungsstöpsels in die in Betracht kommende Teilnehmerklinke hergestellt. Nach Zurücklegen des Abfrageschalters wird der gewünschte Teilnehmer selbsttätig gerufen. Bis zum Melden des Teilnehmers leuchtet eine der beiden je Schnurpaar vorgesehenen Schlußlampen, und zwar die dem Verbindungsstöpsel zugeordnete.

Für die Rückfrage wird die gleiche Teilnehmerleitung benutzt, auf der vorher das Amtsgespräch geführt wurde. Während der Dauer der Rückfrage wird die Amtsverbindung gehalten.. Das Rückfragegespräch kann vom Amtsteilnehmer nicht mitgehört werden.

Nach beendeter Rückfrage genügt ein kurzer Tastendruck, um die Amtsverbindung wieder zu übernehmen. Am Glühlampenschrank wird hierdurch die eine, und nach Auflegen des Handapparates durch den in Rückfrage angerufenen Teilnehmer, auch die zweite Schlußlampe des Schnurpaares zum Leuchten gebracht. Die Bedienungsperson trennt die Rückfrageverbindung durch Ziehen des Abfrage- und des Verbindungsstöpsels.

Legt der Teilnehmer, der ein Rückfragegespräch veranlaßt hat, nach diesem irrtümlich den Handapparat auf, so löst die bestehende Amtsverbindung nicht aus. Es findet sofort ein neuer Anruf bei der Hauptstelle statt, so daß das Amtsgespräch nochmals hergestellt werden kann (Ausführung auf Wunsch, Ergänzungsausstattung).

Gesprächsschluß

Wenn nach beendetem Amtsgespräch bei der Nebenstelle der Handapparat aufgelegt wird, so leuchten beide Schlußlampen am Amtsstöpsel. Der eingebaute Kontrollwecker (abschaltbar) ertönt außerdem als akustisches Zeichen. Die Bedienungsperson entfernt hierauf den Amtsstöpsel aus der Teilnehmerklinke.

Abgehender Amtsverkehr

Wünscht ein amtsberechtigter Nebenstellenteilnehmer ein Gespräch über eine Amtsleitung zu führen, so hebt er den Handapparat seines Fernsprechers ab. Hierdurch werden seine Nebenstellenanruflampe und die gemeinsame Anrufkontrollampe zum Leuchten gebracht. Gleichzeitig ertönt der abschaltbare Kontrollwecker. Die Bedienung steckt den Abfragestöpsel eines freien Schnurpaares für den Innenverkehr in die Teilnehmerklinke und ist nach Umlegen des Abfrageschalters mit dem rufenden Teilnehmer verbunden. Zur Herstellung der Amtsverbindung wird der Abfragestöpsel wieder herausgezogen und an seine Stelle der Amtsstöpsel einer freien Amtsleitung in die Teilnehmerklinke gesteckt. Ist das öffentliche Fernsprechamt ein Wählamt, so erhält der Teilnehmer das Wählzeichen und kann sich die gewünschte Verbindung durch Wählen mit seinem Nummernschalter herstellen. (Bei einer handbedienten Vermittlungsstelle des öffentlichen Netzes muß das Melden der Beamtin abgewartet werden.)

Nach Auflegen des Handapparates bei Gesprächsschluß leuchten beide Schlußlampen des Amtsstöpsels. Die Bedienung trennt durch Ziehen des Amtsstöpsels die Verbindung mit der Amtsleitung.

Ergänzungsschaltung zur Verhinderung eines zweiten Amtsanrufes ohne Mitwirken der Hauptstelle

Auf Wunsch kann verhindert werden, daß durch erneutes Abheben des Handapparates nach Beendigung eines Amtsgespräches eine selbsttätige Durchschaltung zum Amt erfolgt, wenn der Amtsstöpsel seitens der Bedienung noch nicht aus der Teilnehmerklinke entfernt wurde (Hotelschaltung). Wenn diese Ergänzungsausstattung vorgesehen ist, so wird die Bedienungsperson durch Flackern einer Schlußlampe des Amtsstöpsels darauf hingewiesen, daß der Nebenstellenteilnehmer wiederum seinen Handapparat abgehoben hat. Eine erneute Durchschaltung zur Amtsleitung kann erst nach Trennung der vorherigen Verbindung durch Ziehen des Amtsstöpsels erfolgen, wenn dieser erneut in die Teilnehmerklinke gesteckt wird.

Nachtschaltung

Nach Betriebsschluß können die Amtsleitungen einzeln auf je eine beliebige Nebenstelle (Nachtnebenstelle) geschaltet werden.

Bei Betriebschluß sind von der Bedienungsperson die entsprechenden Verbindungen mit den Amtsstöpseln herzustellen und je Amtsleitung ein Schalter und ein gemeinsamer Schalter umzulegen. Ankommende Amtsanrufe gelangen dann über den Schrank direkt zu den nachtgeschalteten Nebenstellen, die nachts auch in abgehender Richtung ohne Vermittlung Amtsverbindungen herstellen können.

Innenverkehr

Will ein amtsberechtigter oder nicht amtsberechtigter Nebenstellenteilnehmer mit einem anderen an die Schrankvermittlung angeschlossenen Teilnehmer sprechen, so hebt er den Handapparat seines Fernsprechers ab. An der Schrankvermittlung leuchtet seine Anruflampe auf. Um abzufragen, wird der Abfragestöpsel eines freien Schnurpaares in die Teilnehmerklinke gesteckt und der Abfrageschalter umgelegt. Die Anruflampe erlischt.

Die Innenverbindung (Hausverbindung) wird von der Bedienungsperson durch Einführen des Verbindungsstöpsels in die Klinke des verlangten Teilnehmers hergestellt. Bei diesem ertönt nach Zurücklegen des Abfrageschalters selbsttätig der Ruf. Bis zum Melden des gerufenen Teilnehmers leuchtet die dem Verbindungsstöpsel zugeordnete Schlußlampe.

Der Gesprächsschluß wird — wenn beide Teilnehmer auflegen — durch das Aufleuchten beider Schlußlampen angezeigt, worauf Abfrage- und Verbindungsstöpsel herausge-

Abb 14
Bedienungsfeld des Glühlampenstandschrankes
In der Mitte: Schnurpaare für den Innenverkehr
Links und rechts Einschnurstöpsel für den Amtsverkehr,
daneben je 1 Hilfsstöpsel

zogen werden. Im Bedarfsfalle kann die Bedienungsperson mit Hilfe eines gemeinsamen Rückrufschalters auch Rufstrom über den Abfragestöpsel schicken, wenn z. B. der rufende Teilnehmer vor dem Melden des Gerufenen seinen Handapparat aufgelegt hat. Ebenso kann sie sich mit Hilfe des gemeinsamen Rückfrageschalters über den Verbindungsstöpsel mit dem gerufenen Teilnehmer in Verbindung setzen, ohne einen Wechsel der Stöpsel vornehmen zu müssen.

Weitere Verkehrsmöglichkeiten bei der Hauptstelle

Um bei Ferngesprächen Signale zum Fernamt geben zu können, ist ein gemeinsamer Flackerschalter vorgesehen.

Die Bedienungsperson hat ferner die Möglichkeit, Amtsverbindungen für bevorzugte Teilnehmer mit ihrem Nummernschalter zu wählen.

Wünschen bevorzugte Teilnehmer über das Vorliegen von Amtsverbindungen unterrichtet zu werden, bevor die Durchschaltung vorgenommen wird, so ruft die Bedienungsperson den betreffenden Nebenstellenteilnehmer zunächst über den Amtsstöpsel an, wie vorher beschrieben wurde. Sie legt ferner den gemeinsamen Rückfrageschalter und nach dem Erlöschen der Schlußlampe des Amtsstöpsels den Abfrageschalter um; nunmehr ist sie mit dem Gerufenen verbunden und kann die Amtsverbindung ankündigen.

Ein Hilfsstöpsel ermöglicht der Bedienungsperson, sich mit einem anrufenden Nebenstellenteilnehmer auch dann in Verbindung zu setzen, wenn keine freien Schnurpaare zur Verfügung stehen.

Stromversorgung

Die Betriebsspannung beträgt 24 V. Zur Stromversorgung dienen eine Akkumulatorenbatterie in Verbindung mit einem Ladegerät für selbsttätige Pufferung (Einbatteriebetrieb mit selbsttätiger Ladeeinrichtung) oder zwei Batterien nebst Ladegeräten zum wechselseitigen Laden und Entladen (Zweibatteriebetrieb).

Ergänzungsausstattungen und Zusatzeinrichtungen

Außer den bereits beschriebenen Verkehrsmöglichkeiten können besondere Betriebsbedingungen durch den Einbau von weiteren Ergänzungsausstattungen oder Zusatzeinrichtungen erfüllt werden:

Vorgeschaltete Reihenapparate ermöglichen bevorzugten Teilnehmern abgehenden Amtsverkehr ohne Inanspruchnahme der Bedienungsperson.

Mit einer zweiten Abfragemöglichkeit kann die Bedienung der Abfragestelle zeitweilig durch zwei Personen vorgenommen werden.

Es lassen sich weiter vorsehen:

Die Anschaltung von Fernsprechern mittels Stecker und Anschlußdosen. Zusätzliche Fernsprecher als sogenannte „Zweite Sprechapparate", Mitsprecheinrichtungen, Querverbindungen nach anderen Nebenstellenanlagen u. a. m.

Handbediente Nebenstellenanlagen

Fragen und Antworten

F 81: Welche Vermittlungsarten gibt es für Schrankvermittlungen?

A: Es gibt das Einschnur- und Zweischnur-Prinzip.

F 82: Wie unterscheiden sich Einschnur- und Zweischnur-prinzip?

A: Beim Einschnurprinzip enden die Leitungen (z. B. Amtsleitungen) auf Einschnurstöpseln. Der Einschnur-stöpsel ist also fest mit der betreffenden Leitung, der er zugeordnet ist, verbunden und kann nur zur Verbindung mit dieser Leitung benutzt werden. Beim Zweischnurprinzip enden dagegen die Leitungen auf Klinken. Zur Weitervermittlung sind Schnurpaare (zwei Schnüre mit Stöpseln) erforderlich, die jedoch von den Leitungen unabhängig sind und für beliebige Verbindungen benutzt werden können.

F 83: Nach welchem Prinzip wurden die sogenannten „Okli"-Schränke der Siemens & Halske Aktiengesellschaft gebaut?

A: Das Wort „Okli" ist eine Abkürzung für „offene Klinken", d. h. also, daß die Leitungen auf Klinken enden. Zur Weitervermittlung wurden Schnurpaare verwendet. Okli-Schränke gehörten daher zu den Zweischnur-Schränken.

F 84: Welche Schränke sind vorteilhafter, die Einschnur-oder die Zweischnurschränke?

A: Man kann nicht sagen, das Einschnurprinzip ist vorteilhafter als das Zweischnurprinzip oder umgekehrt. Vor- und Nachteile müssen von Fall zu Fall gegeneinander abgewogen werden. Das Zweischnurprinzip hat den Vorzug, daß Leitungen infolge von Schnurstörungen nicht außer Betrieb gesetzt werden. Bei der Bedienung ist jedoch ein zweimaliges Stöpseln erforderlich. Das Einschnurprinzip erfordert nur ein einmaliges Stöpseln, so daß die Bedienung einfacher ist. Dagegen fällt bei Schnurstörungen die dem gestörten Schnurstöpsel zugeordnete Leitung aus.

F 85: Enden bei Glühlampenschränken für Handvermittlung aller Gespräche nach dem Einschnurprinzip alle Leitungen auf Einschnurstöpseln?

A: Nein, nur die Amtsleitungen (gegebenenfalls auch Querverbindungsleitungen) enden auf Einschnur-stöpseln, während die Nebenanschlußleitungen auf

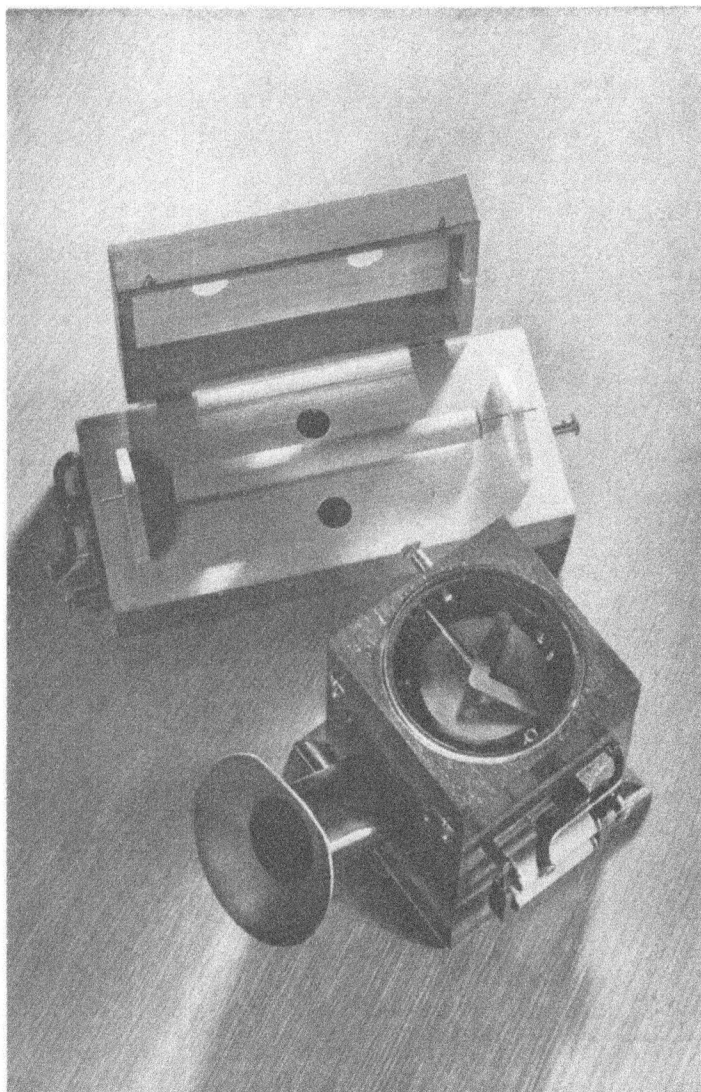

Die Telefonanlage von Philipp Reis (1861)
Vorn: Geber,   hinten: Empfänger
(Abbildung der im Hause der Siemens & Halske Aktiengesellschaft
von Lehrlingen nach den Originalen gefertigten Apparate)

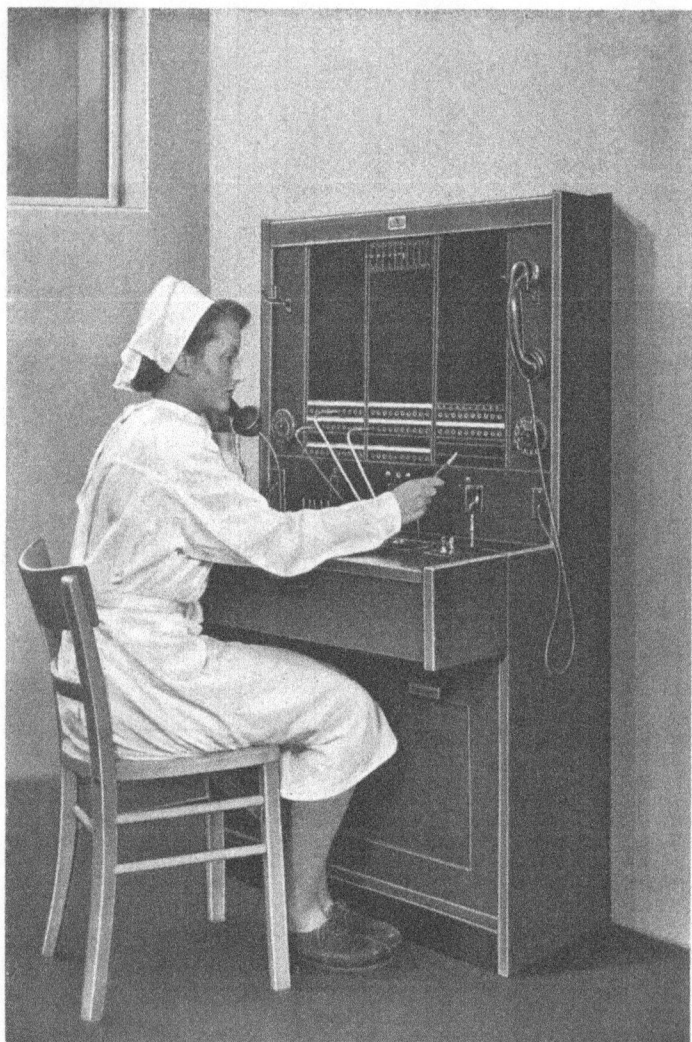

Schrankvermittlung einer handbedienten Nebenstellenanlage
(rechts am Schrank: Handapparat für zweite Bedienungsperson)
Aus der Fertigung der Siemens & Halske Aktiengesellschaft

Klinken enden. Für den Verkehr der Nebenstellen untereinander werden daher auch bei diesen Schrankvermittlungen Schnurpaare benötigt.

F 86: Hat ein Teilnehmer Kosten oder Gebühren für einen Polwechsler zu bezahlen, der — weil er nicht in der handbedienten Vermittlungseinrichtung (Glühlampenschrank) enthalten ist — lose geliefert wurde?

A: Die Technische Verwaltungsanweisung (Neudruck 1950) sagt hierzu wiederum: „In Schrankanlagen mit mehr als 50 Anrufzeichen ... gehören nicht nur die eingebauten Polwechsler, sondern auch lose Polwechsler zur Regelausstattung."

F 87: Wieviel Schnurpaare enthält ein Schrank der Baustufe B im Endausbau?

A: In der Fernsprechgebührenvorschrift ist als Endausbau bei der Baustufe B angegeben:

„5 Schnursätze für Innenverkehr".

Daher wird ein Schrank nach dem „Einschnurprinzip" auch nur 5 Schnurpaare enthalten, während ein solcher Schrank nach dem „Zweischnurprinzip" mit 10 Schnurpaaren ausgestattet ist.

Nach der Regelausstattung muß nämlich für jede Amtsleitung ein Verbindungsorgan vorgesehen werden. Dieses Verbindungsorgan ist bei Zweischnurschränken gleichfalls ein Schnurpaar (Schnursatz), so daß also zu den „5 Schnursätzen für den Innenverkehr" 5 Schnursätze für den Amtsverkehr hinzukommen. Beim Einschnurschrank wird dagegen der Amtsverkehr nicht über Schnurpaare, sondern Einschnurstöpsel abgewickelt.

F 88: Müssen für Nebenstellen, von denen überwiegend nur Amtsgespräche geführt werden (z. B. in Krankenhäusern und Hotelbetrieben usw.) gleichfalls Verbindungsorgane für den Innenverkehr vorgesehen werden?

A: Die Regelbedingungen für handbediente Nebenstellenanlagen besagen hierzu folgendes:

„Ferner kann bei Berechnung der Zahl der Verbindungsorgane die Zahl der Nebenstellen, von denen vorwiegend nur Amtsgespräche geführt werden, unberücksichtigt bleiben, jedoch muß mindestens

1 Verbindungsorgan für Nebenstellen vorhanden sein."

F 89: Wie wird die Zahl der Verbindungsorgane für den Innenverkehr berechnet?

A: In den Regelbedingungen von 1950 ist die Berechnungsformel nicht mehr aufgeführt. Die Anzahl der Verbindungsorgane ist bei den einzelnen Baustufen lediglich als Mindest- und Endausbau angegeben.

F 90: Wie war nach der Fernsprechordnung vom 24. 11. 1939 die Anzahl der Schnurpaare für einen Glühlampenschrank (Zweischnurprinzip) mit folgendem Ausbau zu bemessen:

9 Anschlußorgane für Amtsleitungen,
80 Anschlußorgane für Nebenstellen?

(Anmerkung: Hierbei soll vorausgesetzt sein, daß die Anzahl der Auschlußorgane für Amtsleitungen die Anschlußmöglichkeit von Nebenstellen nicht beeinträchtigen, d.h. daß für die Amtsleitungen besondere Klinken und Lampen vorgesehen sind).

A: Nach der Fernsprechordnung vom 24. 11. 1939 waren zu liefern:
Für jedes eingebaute Anschlußorgan für Amtsleitungen = 1 Verbindungsorgan, d. h. 1 Schnurpaar. Es wurden also für die Abwicklung des Amtsverkehrs vorgesehen =   9 Schnurpaare
für die ersten 30 eingebauten Anschlußorgane für Nebenstellen = 3 Verbindungsorgane =   3 Schnurpaare
für je 20 weitere Anschlußorgane oder für einen Rest von mehr als 5 = 1 Verbindungsorgan, d. h. $80-30 = 50 : 20 =$ 3 Schnurpaare

insgesamt also 15 Schnurpaare

F 91: Wie wird bei großen Anlagen sichergestellt, daß eine Verbindungsmöglichkeit zwischen allen Nebenstellen von jedem Arbeitsplatz aus besteht, wenn mehrere Schränke aufgestellt sind?

A: Es sind Vielfachfelder vorzusehen, sofern nicht z. B. bei nur 2 Schränken ein Übergreifen auf den Nachbarplatz möglich ist.

F 92: Die Regelbedingungen der Fernsprechordnung vom 24. 11. 1939 schrieben eine Durchwahlmöglichkeit der

Nebenstellen zum Amt nach Verbindung bei der Hauptstelle vor. Was war darunter zu verstehen?

A: Bei Durchwahlmöglichkeit der Nebenstellen zum Amt
können die amtsberechtigten Nebenstellenteilnehmer
die von ihnen gewünschten Amtsverbindungen selbst
wählen, nachdem sie mit einer Amtsleitung verbunden

Abb. 15
Telefonistin mit „Leichter Kopfgarnitur"

worden sind. Das schließt nicht aus, daß die Bedienungsperson das Wählen des gewünschten Anschlusses
in Sonderfällen (z. B. für bevorzugte Teilnehmer) übernimmt.

F 93: Was hat sich bezüglich der Durchwahlmöglichkeit
in der Fernsprechordnung von 1950 geändert?

A: Der Text der Regelbedingung lautet in der Fernsprechordnung von 1950:
„Auf Wunsch des Teilnehmers Durchwahlmöglichkeit der Nebenstellen zum Amt nach Verbindung
bei der Hauptstelle." Die Durchwahlmöglichkeit könnte
also fehlen, wenn der Teilnehmer damit einverstanden
ist.

F 94: Was wird benötigt, um den Arbeitsplatz einer Schrank-vermittlung mit einer „Zweiten Abfragemöglichkeit" auszurüsten?

A: Eine weitere Abfragegarnitur (z. B. wie Abb. 15) und ein Umschalter (Platzumschalter). Durch den Um-schalter werden die vorhandenen Verbindungsorgane so aufgeteilt, daß sie von beiden Abfrageeinrich-tungen aus getrennt benutzt werden können.

F 95: Welche unterschiedlichen Abfragegarnituren sind ge-bräuchlich?

A: Die gebräuchlichste Abfragegarnitur besteht aus einem Handapparat mit oder ohne Taste, der meistens mittels eines Stöpsels an die Vermittlungseinrichtung ange-schlossen wird. Es gibt ferner Abfragegarnituren, die aus einer oder zwei Hörvorrichtungen und einem Brust-mikrofon bestehen. Von der Siemens & Halske AG. wurde die sog. „Leichte Kopfgarnitur" geschaffen. Diese besteht aus einem kleinen, besonders leichten Mikrotelefon, welches durch einen Kopfbügel hör- und sprachgerecht gehalten wird (Abbildung 16).

F 96: Genügt es, zwei Nebenstellen einer handbedienten Nebenstellenanlage, die nachts in gegenseitigen Sprech-verkehr treten sollen, genau wie bei der Tagschaltung durch ein Schnurpaar miteinander zu verbinden?

A: Nein, bei dieser Lösung wäre ein gegenseitiger Anruf nicht möglich. Es müssen Einrichtungen für den gegen-seitigen Anruf vorgesehen werden.

F 97: Was versteht man unter „Hotelschaltung"?

A: Die als Hotelschaltung bekannte Einrichtung ist eine Ergänzungsschaltung, die verhindert, daß von den Nebenstellen nach Beendigung eines Amtsgesprächs ein neues Amtsgespräch ohne Mitwirken einer Person bei der Hauptstelle geführt werden kann. Ein Hotelgast, der soeben ein Amtsgespräch beendet hat, kann die Amtsleitung nach erneutem Abheben des Handapparate-tes auch dann nicht wieder belegen, wenn in der Zwi-schenzeit die Trennung durch Ziehen der Stöpsel noch nicht vorgenommen wurde.

F 98: Wozu dienen Vorschalteapparate?

A: Eine oder mehrere Amtsleitungen können, bevor sie an die Vermittlungseinrichtung herangeführt, über ein oder mehrere Vorschalteapparate „geschleift" werden. Als Vorschalteapparate werden meistens Reihenapparate verwendet.

Von den Nebenstellen aus, die mit vorgeschalteten Reihenapparaten ausgerüstet sind, können abgehende Amtsverbindungen ohne Mitwirken der Bedienungsperson geführt werden. Sternschauzeichen oder Lampen kennzeichnen, ob die Amtsleitungen belegt sind. Die Einschaltung erfolgt durch Herunterdrücken der betreffenden Amtstaste (bzw. des betreffenden Amtshebels).

F 99: In den Regelbedingungen heißt es: „Zusätze für die Anpassung an die Amtsschaltung." Was soll damit ausgedrückt werden?

A: Da es noch immer unterschiedliche öffentliche Fernsprechämter gibt, soll durch diese Vorschrift sichergestellt werden, daß nur Nebenstellenanlagen erstellt werden, die sich jeweils an die Schaltung des

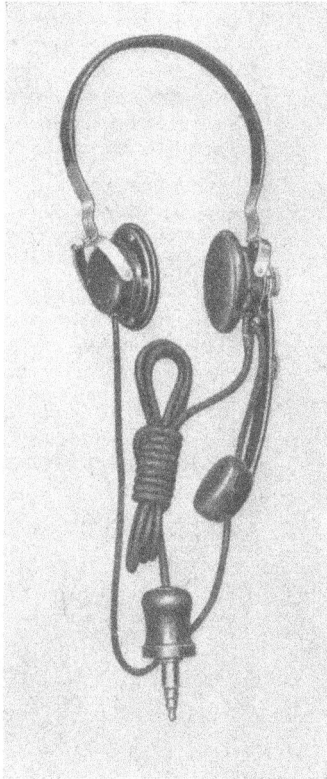

Abb. 16 Leichte Kopfgarnitur (Sprech-Hörer) mit 2 Hörvorrichtungen (Fertigung Siemens & Halske Aktiengesellsch.)

öffentlichen Fernsprechamtes anpassen lassen, an das sie angeschlossen werden sollen. Da es sich hierbei um einen Punkt der Regelausstattung handelt, geht der für die Anpassung erforderliche Aufwand zu Lasten des Lieferers.

F 100 : Welche Arten von öffentlichen Ämtern gibt oder gab es in Deutschland?

A : Man unterscheidet OB-, ZB- und Wählämter.

F 101 : Welche besonderen Merkmale haben OB-, ZB- und Wählämter?

A : OB- und ZB-Ämter sind Vermittlungsstellen für Handbetrieb, Wählämter sind solche, bei denen sich die Teilnehmer mittels des Nummernschalters die Verbindungen selbst herstellen. Die OB-Ämter unterscheiden sich hauptsächlich durch ihre Schlußzeichensteuerung. Es gibt:

a) OB-Ämter, bei denen nach Gesprächsschluß ein Schlußruf nach dem Amt gesandt werden muß, um die Schlußklappe zu betätigen. Diese werden kurz OB-Ämter mit Schlußruf (OB-Amt ,,Klappe") genannt.

b) OB-Ämter, bei denen nach Gesprächsschluß ein Galvanoskopschauzeichen erscheint. Diese nennt man: ,,OB-Ämter mit positivem Schlußzeichen" (OB-Amt pos.).

c) OB-Ämter, bei denen der Gesprächszustand durch ein Galvanoskopschauzeichen überwacht wird, das nach Gesprächsschluß verschwindet. Man nennt diese Ämter: ,,OB-Ämter mit negativem Schlußzeichen" (OB-Amt neg.).

Ein Fernsprecher für OB-Betrieb ist auf Abb. 17 dargestellt.

In ZB-Ämtern wird die Gesprächsbeendigung durch Aufleuchten von Schlußlampen angezeigt.

Abb. 17
SIEMENS-
OB-Tischfernsprecher
mit eingebautem Kurbelinduktor

In Wählämtern fällt die aufgebaute Verbindung beim Auflegen der Handapparate zusammen. Ein optisches Schlußzeichen ist bei diesen Ämtern nicht vorhanden.

F 102: Was hat sich in bezug auf die Baustufen in der neuen
Fernsprechordnung geändert?

A: Die Baustufen sind neu, und zwar einheitlich für
post-, teilnehmereigene und private Nebenstellenanlagen festgelegt worden (s. Seite 56).

Reihenanlagen zu 1 Amtsleitung
und 1 Nebenstelle

(Kleine Reihenanlagen)

Technische Beschreibung
der Kleinen „Janus"-Reihenanlage 1/1
der Mix & Genest AG.

Allgemeines

Wie bei allen Reihenanlagen verläuft auch bei der „Janus-
Anlage" die Amtsleitung der Reihe nach über die amtsberechtigten Reihenstellen; es können 1 Amtsleitung, 1 Nebenstelle
und 1 Hauptstelle (Abfragestelle) angeschlossen werden.
Von der Hauptstelle aus werden die ankommenden Amtsverbindungen im Bedarfsfalle zur Nebenstelle weitergegeben.
Der abgehende Amtsverkehr der Nebenstelle wird ohne Mitwirken des Hauptstellenteilnehmers abgewickelt.

Schaltung der Sprechstellen

Haupt- und Nebenstelle werden als voll amtsberechtigte
Sprechstellen angeschlossen. Die Nebenstelle muß auf dem
gleichen Grundstück untergebracht werden wie die Hauptstelle; sie kann also nicht als außenliegende Nebenstelle
installiert werden.

Die Fernsprecher

Die Haupt- und Nebenstelle erhalten Fernsprecher der
gleichen Ausführung. Diese sind mit einer Amtstaste (Druck-
schalter) für Amtsverbindungen und einer Ruftaste für den
Innenverkehr ausgestattet; sie enthalten ferner ein Besetztschauzeichen für die Amtsleitung und einen Nummernschalter
für die Wahl von Amtsteilnehmern sowie eine Signaltaste
(Erdungstaste) für Sonderzwecke.

Amtsruforgan

Der Wecker für die Amtsrufe wird bei der Hauptstelle untergebracht.

Leitungsnetz

Das Kabel, das die Hauptstelle mit der Nebenstelle verbindet, enthält 12 Kabeladern.

Innenverkehr

Um die andere Sprechstelle zu rufen, wird jeweils nach Abheben des Handapparates die Ruftaste in die tiefste Stellung gedrückt. Bei der anderen Sprechstelle ertönt der Ruf solange, bis die Taste losgelassen wird. Nach Abheben des Handapparates bei der gerufenen Sprechstelle ist die Verbindung hergestellt.

Abgehender Amtsverkehr

Die Teilnehmer von Haupt- und Nebenstelle stellen sich die Verbindungen mit der Amtsleitung nach Abheben des Handapparats durch Drücken der Amtstaste selbst her.

Das Besetztschauzeichen zeigt jeweils an, ob die Amtsleitung bereits von der anderen Stelle aus belegt ist.

Abb. 18
„Janus"-Tischfernsprecher
für Kleine Reihenanlagen 1/1
Aus der Fertigung der Mix & Genest AG.

Rückfrage

Während eines Amtsgesprächs ist geheime Rückfrage zur anderen Sprechstelle möglich. Diese wird durch Drükken der Ruftaste gerufen. Die Amtstaste springt hierbei selbsttätig in die Rückfragestellung, wodurch das Sprechgerät von der Amtsleitung abgetrennt, die Amtsverbindung jedoch gehalten wird. Nach Beendigung des Rückfragegesprächs wird die Amtstaste erneut gedrückt und so die Verbindung mit dem wartenden Amtsteilnehmer wieder hergestellt. Die Rückfrage kann so oft wie notwendig wiederholt werden.

Ankommender Amtsverkehr

Wird vom Amt aus gerufen, so ertönt der Wecker bei der Hauptstelle. Nach Abheben des Handapparates wird die Amtstaste gedrückt und abgefragt. Bei der Nebenstelle erscheint das Besetztschauzeichen.

Amtsrufumschaltung gestattet jederzeit, den ankommenden Amtsruf direkt zur Nebenstelle zu leiten (Ergänzungsausstattung).

Weitergabe der Amtsverbindung

Soll die Amtsverbindung an den Nebenstellenteilnehmer weitergegeben werden, so wird dieser durch Drücken der Ruftaste gerufen, wobei die Amtstaste selbsttätig in die „Rückfragestellung" springt. Die Amtsverbindung kann dem Nebenstellenteilnehmer angeboten werden, ohne daß der Amtsteilnehmer dieses Gespräch mithört.

Übernahme der Amtsverbindung

Will der Nebenstellenteilnehmer die Amtsverbindung übernehmen, so drückt er die Amtstaste an seinem Fernsprecher herunter. Hierdurch wird der Teilnehmer an der Hauptstelle abgetrennt. Jetzt erscheint das Besetztzeichen bei der Hauptstelle, so daß dort der Handapparat aufgelegt werden kann.

Erforderlichenfalls kann die Amtsverbindung auch wieder zur Hauptstelle zurückgegeben werden.

Mithörmöglichkeit

Es kann „Mithör"möglichkeit und auf besonderen Wunsch auch „Mitsprechen" für die Neben- oder Hauptstelle vorgesehen werden.

Stromversorgung

Als Stromversorgung ist eine Primär-Batterie von 12 Volt Spannung erforderlich. An Stelle der Primär-Batterie läßt sich auch ein Netzanschlußgerät als Stromversorgungseinrichtung für die Anlage verwenden.

Weitere Möglichkeiten

Die „Janus"-Reihenanlage kann auch als „Zweitnebenstellenanlage" an eine bestehende Nebenstellenanlage auf gleichem Grundstück angeschlossen werden. Haupt- und Nebenstelle sind bereits mit der für diesen Zweck notwendigen Erdungstaste versehen.

Kleine Reihenanlagen

Fragen und Antworten

F 103: Was versteht man unter einer Kleinen Reihenanlage 1/1?

A: Eine Kleine Reihenanlage 1/1 ist eine nicht erweiterungsfähige Reihenanlage zu einer Amtsleitung, an die eine Haupt- und eine Nebenstelle angeschlossen werden kann.

F 104: Darf die Nebenstelle oder die Hauptstelle einer Kleinen Reihenanlage als tragbarer Fernsprecher ausgestaltet werden?

A· Technisch würde es keine Schwierigkeiten bereiten. Bei der Ausführung der Siemens & Halske AG. (Abb.19) werden sogar nur 3 Doppelleitungen zwischen der Haupt- und Nebenstelle benötigt, so daß man mit einem 6teiligen Stecker und einerentsprechenden Anschlußdose auskommen würde. Nach der Fernsprechordnung dürfen aber in Reihenanlagen grundsätzlich keine Anschlußdosen vorgesehen werden.

Abb 19
SIEMENS-Tischfernsprecher für Kleine Reihenanlagen 1/1

F 105 In welchen Fällen ist ein Zwischenumschalter zweckvoller als eine Kleine Reihenanlage 1/1?

A· Man wird bei größerer Entfernung zwischen Haupt- und Nebenstelle — oder wenn die Nebenstelle auf einem anderen Grundstück untergebracht werden soll — an Stelle einer Reihenanlage 1/1 einen Zwischenumschalter verwenden.

Auch wenn die Nebenstelle z. B. in einem feuchten Raum untergebracht werden soll, wird man einen Zwischenumschalter vorziehen, weil feuchtigkeitssichere Reihenapparate normalerweise nicht gefertigt werden, dagegen aber wasserdichte W-Fernsprecher.

F 106: Darf die Nebenstelle einer Kleinen Reihenanlage 1/1 so geschaltet werden, daß von ihr aus abgehende Amtsverbindungen nur durch Mitwirken der Hauptstelle hergestellt werden können?

A: Ja, jedoch ist die Schaltung der Reihennebenstelle als halbamtsberechtigte Nebenstelle nach der Fernsprechordnung nur bei Anschluß der Anlage an ein W-Amt zulässig.

F 107: Müssen beide Reihenapparate (Haupt- und Nebenstelle) einer Reihenanlage 1/1 mit sichtbaren Besetztzeichen (z. B. Sternschauzeichen) ausgerüstet sein?

A: Nein, nach der Regelausstattung für derartige Anlagen genügt auch ein hörbares Besetztzeichen

F 108: Können die Kleinen Reihenanlagen an beliebigen Vermittlungsstellen angeschlossen werden?

A: Nein, Kleine Reihenanlagen sind nach der FO nur für ZB- und W-Ämter vorgesehen.

F 109: Kommen die Kleinen Reihenanlagen nur als Nebenstellenanlagen zum Anschluß an öffentliche Ämter in Betracht?

A: Nein, Kleine Reihenanlagen eignen sich, wie alle Reihenanlagen, vorzüglich als Zweitnebenstellenanlagen. Als solche kommen sie auch als Direktions- und Sekretäreinrichtungen in Betracht.

F 110: Dürfen sowohl bei der Hauptstelle als auch bei der Nebenstelle die Besetztschauzeichen so geschaltet werden, daß sie jeweils erst dann erscheinen, wenn bei der anderen Stelle die Amtstaste (z. B. zwecks Gesprächsübernahme) gedrückt wird?

A: Ja, das ist nach der Regelausstattung für diese Anlagen für die Haupt- und Nebenstelle zulässig, so daß hierfür keine besonderen Gebühren zu entrichten sind. Die Siemens & Halske Aktiengesellschaft sieht bei ihrer Ausführung der kleinen Reihenanlagen diese Schaltung vor.

Reihenanlagen einfacher Art
und Reihenanlagen mit Linientasten

Allgemeines

Nach den „Kleinen Reihenanlagen 1/1" folgen größenmäßig die „Reihenanlagen einfacher Art" und dann die „Reihenanlagen mit Linientasten".

Zwischen Reihenanlagen einfacher Art und Reihenanlagen mit Linientasten (verschiedentlich auch Reihenanlagen gewöhnlicher Art genannt) bestehen folgende Unterschiede:

a) Ausbau

An eine Reihenanlage einfacher Art können nach der Regelausstattung angeschlossen werden:

1 Amtsleitung, 1 Hauptstelle (Abfragestelle) und bis zu 5 Nebenstellen.

Dagegen werden Reihenanlagen mit Linientasten in folgenden Baustufen geliefert:

zu 1 Amtsleitung   1 Hauptstelle und bis zu 5 Nebenst.,
zu 1 Amtsleitung   1 Hauptstelle und bis zu 10 Nebenst.,
zu 2 Amtsleitungen 1 Hauptstelle und bis zu 10 Nebenst.,
zu 3 Amtsleitungen 1 Hauptstelle und bis zu 10 Nebenst.,
zu 4 Amtsleitungen 1 Hauptstelle und bis zu 15 Nebenst.,

Demnach ist der größte Ausbau einer Reihenanlage mit Linientasten 4 Amtsleitungen und 16 Sprechstellen.

b) Leitungsnetz für den Hausverkehr

Bei einer Reihenanlage einfacher Art ist nur eine Doppelleitung als gemeinsame Sprechleitung für den Innenverkehr vorhanden, so daß jeweils nur 1 Hausgespräch geführt werden kann. Für den gegenseitigen Anruf werden Einzeladern als Rufleitungen verwendet.

Bei Reihenanlagen mit Linientasten wird über die von einer Sprechstelle zu jeder anderen Sprechstelle führenden Doppelleitungen (Linienwählerleitungen) sowohl gerufen als auch gesprochen. Es können daher gleichzeitig mehrere Hausgespräche geführt werden. Sind beispielsweise 10 Sprechstellen vorhanden, so könnten gegebenenfalls 5 Personen mit ihren Partnern sprechen, ohne sich gegenseitig zu stören.

c) Leitungsnetz für den Amtsverkehr

In Bezug auf das Leitungsnetz für den Amtsverkehr bestehen keine grundsätzlichen Unterschiede zwischen Reihenanlagen einfacher Art und Reihenanlagen mit Linientasten.

d) Systembezeichnungen

An Stelle von Linientasten sehen die Konstruktionen der Siemens & Halske AG. Linienhebel vor.

Die „Reihenanlagen mit Linientasten" werden von ihr unter der Bezeichnung „REIPOS-ANLAGEN" erstellt. „HEBEL-HAPOS" ist dagegen der Name für ältere Ausführungen.

Die Firmenbezeichnung für Reihenanlagen einfacher Art ist bei Siemens & Halske AG. „REIHA-ANLAGE".

Andere Firmen verwenden hierfür die Bezeichnung: „NURDIE", „SIMPLEX" u. a.

Technische Beschreibung einer Reihenanlage einfacher Art nach dem SIEMENS-REIHA-SYSTEM

Endausbau: 1 Amtsleitung und 6 Sprechstellen.

Allgemeines

Bei Reihenanlagen läuft die Amtsleitung der Reihe nach über alle amtsberechtigten Nebenstellen. An eine Reihenanlage einfacher Art können 1 Amtsleitung und bis zu 6 Sprechstellen angeschlossen werden. Von einer der Sprechstellen (der Hauptstelle) aus werden die ankommenden Amtsverbindungen im Bedarfsfalle an die Nebenstellen weitergegeben. Die Verbindungen von Nebenstelle zu Nebenstelle (Innenverkehr) sowie die zum Amt stellen sich die Teilnehmer selbst her.

Abb. 20   SIEMENS-REIHA-TISCHFERNSPRECHER
für 1 Amtsleitung mit 5 Ruftasten

Sprechstellen

Die Sprechstellen können angeschlossen werden als

Amtsberechtigte Nebenstellen, deren Inhaber sich die Verbindungen zum Amt selbst herstellen,

Halb amtsberechtigte Nebenstellen, denen die Amtsleitung nur über die Hauptstelle zugeteilt wird (Ergänzungsausstattung),

Nicht amtsberechtigte Nebenstellen, die nur für den Innenverkehr zugelassen sind.

Von allen Nebenstellen aus können Innengespräche geführt werden.

Eine der amtsberechtigten Nebenstellen wird als Hauptstelle eingesetzt. Dort befindet sich auch der Amtswecker.

Nach ihrer örtlichen Lage werden innenliegende Nebenstellen und Außennebenstellen unterschieden.

Außennebenstellen befinden sich im allgemeinen nicht auf demselben Grundstück wie die Hauptstelle. Zur Abwicklung des Verkehrs mit der Außennebenstelle erhält die Hauptstelle eine Vermittlungseinrichtung. Von der Außennebenstelle aus können Amtsverbindungen in abgehender Richtung ohne Vermittlung hergestellt werden.

Fernsprecher

Hauptstelle und Nebenstellen erhalten REIHA-Fernsprecher gleicher Ausführung.

Der Siemens-REIHA-Fernsprecher hat fünf Ruftasten für den Innenverkehr, einen Amtshebel mit zwei Stellungen (Ruhestellung und Stellung ,,Amt''), ein Schauzeichen als sichtbares Besetztzeichen für die Amtsleitung und — bei Anschluß an ein Wählamt — einen Nummernschalter für den abgehenden Amtsverkehr.

Bei nicht amtsberechtigten Nebenstellen entfallen Nummernschalter, Amtshebel und Schauzeichen.

Als Außennebenstelle werden Fernsprecher der einfachen Ausführung mit Nummernschalter benutzt, die zusätzlich mit einer Taste ausgerüstet sind.

Leitungsnetz

Die Fernsprecher sind der Reihe nach durch ein mehrpaariges Kabel miteinander verbunden. Die Außennebenstelle wird dagegen über eine einzige Doppelleitung an die Vermittlungseinrichtung angeschlossen und erhält zusätzlich einen Erdanschluß.

Innenverkehr

Zum Anruf einer anderen Sprechstelle wird nach Abheben des Handapparates die entsprechende Ruftaste gedrückt. Dadurch ertönt an der gewünschten Sprechstelle eine Schnarre. Das Gespräch findet über die gemeinsame Hausleitung statt. Benutzen mehrere Personen den gleichen Fernsprecher, so kann durch Abgabe verabredeter Rufzeichen der Gewünschte oder auch der Anrufende selbst gekennzeichnet werden.

Abgehender Amtsverkehr

Zum Herstellen einer Amtsverbindung wird der Amtshebel am REIHA-Fernsprecher nach rechts in die Stellung „Amt" umgelegt. Dadurch schaltet sich der Teilnehmer in die Amtsleitung; gleichzeitig wird durch Besetztschauzeichen an jedem REIHA-Fernsprecher angezeigt, daß die Amtsleitung belegt ist. Bei öffentlichen Ämtern für Wählbetrieb erhält der Teilnehmer das akustische Wählzeichen und wählt danach die Rufnummer des Amtsteilnehmers. Nach Gesprächsschluß genügt das Auflegen des Handapparates, um die Verbindung zu trennen und Amtshebel und Schauzeichen wieder in die Ruhelage zurückzubringen.

Ankommender Amtsverkehr

Bei einem ankommenden Amtsruf ertönt der Amtswecker bei der Hauptstelle. Die Hauptstelle ist nach Abheben des Handapparates und Umlegen des Amtshebels mit dem Amtsteilnehmer verbunden; gleichzeitig erscheinen an allen amtsberechtigten Nebenstellen die Besetztschauzeichen. Ist die Amtsverbindung für eine Nebenstelle bestimmt, so wird bei der Hauptstelle der Amtshebel von Hand in die Mittelstellung gebracht, die Nebenstelle im „Innenverkehr" angerufen und das Gespräch angeboten, ohne daß der Amtsteilnehmer mithören kann. Legt nun der gerufene Nebenstellenteilnehmer seinen Amtshebel um, so ist er mit der Amtsleitung verbunden. Jetzt erscheint das Besetztschauzeichen auch an der Hauptstelle, so daß dort aufgelegt werden kann.

Werden weitere Amtswecker vorgesehen, oder ist der Amtswecker der Hauptstelle unmittelbar an Nebenstellen wahrnehmbar, so können die ankommenden Amtsverbindungen auch an diesen Nebenstellen sofort durch Umlegen des Amtshebels entgegengenommen und im Bedarfsfall weitergeleitet werden.

Rückfrage

Will ein Teilnehmer während eines Amtsgespräches bei einer anderen Sprechstelle Rückfrage halten, so legt er den Amtshebel in die Mittelstellung zurück und ruft die gewünschte Sprechstelle im „Innenverkehr" an. Das Rückfragegespräch kann von dem Amtsteilnehmer nicht mitgehört werden. Nach Beendigung der Rückfrage wird das Amtsgespräch durch erneutes Umlegen des Amtshebels wieder übernommen. ·

Weitergabe (Umlegen) einer Amtsverbindung

Zum Weiterleiten einer Amtsverbindung von einer Nebenstelle zu einer anderen wird der gewünschte Teilnehmer in „Rückfrage" angerufen; er kann dann seinerseits die Verbindung durch Umlegen des Amtshebels übernehmen. Die Weitergabe von Amtsverbindungen kann beliebig oft wiederholt werden.

Mitsprechen

Auf Wunsch können bevorzugte Nebenstellen auch für „Mitsprechen", d. h. für die Teilnahme an Amtsgesprächen anderer Stellen, ausgerüstet werden. Zu diesem Zweck erhält der Amtshebel des Reiha-Fernsprechers als dritte Stellung eine „Mitsprechstellung" (Ergänzungsausstattung).

Bevorzugte Teilnehmer, deren Fernsprecher mit Mitsprecheinrichtung versehen sind, können daher in Amtsgespräche anderer Nebenstellen mitsprechend eingreifen.

Verkehrsmöglichkeiten der Außennebenstelle

Innenverkehr

Die Außennebenstelle wird im Innenverkehr genau wie die anderen Nebenstellen angerufen. Der Teilnehmer der Außennebenstelle ruft die Hauptstelle durch Abheben des Handapparates und durch zusätzlichen Tastendruck an. Wünscht er eine Verbindung mit einer anderen Sprechstelle, so wird diese von der Hauptstelle aus im „Innenverkehr" angerufen. Die Möglichkeit, eine bestimmte Nebenstelle durch längeren Tastendruck unmittelbar zu erreichen, kann vorgesehen werden.

Abgehender Amtsverkehr

Der Teilnehmer wählt die Ziffer „1" und ist danach sofort mit der Amtsleitung verbunden. Ist die Amtsleitung bereits belegt, so erhält er ein Summerzeichen.

Schnittmodell eines W-Tischfernsprechers

Sekretärfernsprecher (Siemens & Halske Aktiengesellschaft)

Ankommender Amtsverkehr

Von der Hauptstelle aus wird dem Außennebenstellenteilnehmer das Eintreffen einer Amtsverbindung mitgeteilt und eine Verbindungstaste gedrückt. Nach Beendigung des Gespräches wird die Verbindung selbsttätig getrennt.

Rückfrage

Während eines Amtsgespräches hat auch der Teilnehmer der Außennebenstelle die Möglichkeit, Rückfrage zu halten. Die Rückfrage wird durch Tastendruck eingeleitet, durch Tastendruck beendet und vollzieht sich über die gleiche Doppelleitung. Der Rückfrageanruf kommt im allgemeinen bei der Hauptstelle an; durch längeren Tastendruck kann auch eine bestimmte andere Nebenstelle gerufen werden (siehe „Innenverkehr" der Außennebenstelle).

Selbsttätige Rufweiterschaltung

Jeder Amtsruf, der nicht innerhalb von ca. 15—20 Sekunden bei der Hauptstelle abgefragt wird, wird selbsttätig zur Außennebenstelle weitergeleitet. Der Ruf ertönt dann an der Hauptstelle und an der Außennebenstelle gleichzeitig.

Führt der Teilnehmer der Außennebenstelle bei der Rufweiterschaltung gerade ein Innengespräch, so wird die ankommende Amtsverbindung durch ein Summerzeichen angekündigt.

Mitsprechen der Außennebenstelle

Auf Wunsch kann auch für den Außennebenstellenteilnehmer die Mitsprechmöglichkeit vorgesehen werden, so daß er an Amtsgesprächen anderer Stellen teilnehmen kann (Ergänzungsausstattung).

Nachtschaltung

Durch Umlegen des Nachtschalters wird die Amtsleitung unabhängig von der selbsttätigen Rufweiterschaltung unmittelbar der Außennebenstelle zugeordnet. Hiervon kann in Betriebspausen oder nach Betriebsschluß Gebrauch gemacht werden; die Amtsrufe kommen dann sofort bei der Außennebenstelle an.

Von der Außennebenstelle aus können auch bei bestehender Nachtschaltung Innengespräche geführt werden. Ein gegebenenfalls eintreffender Amtsruf wird durch Überlagerung eines Summerzeichens kenntlich gemacht.

Stromversorgung

Für die Stromversorgung wird eine Batterie von 12 V benutzt. Auch der Anschluß einer besonders weit entfernten Außennebenstelle kann durch Verwendung einer Zusatzbatterie ermöglicht werden.

Weitere
Ergänzungsausstattungen und Zusatzeinrichtungen

Selbsttätiger Amtsrufumschalter zur einmaligen Rufweiterschaltung eingehender Amtsrufe nach einer Reihenstelle.

Querverbindungsverkehr mit einer anderen selbständigen Nebenstellenanlage.

Fernsprecher mit Stecker für die Außennebenstelle, damit dieser über Anschlußdosen wahlweise in verschiedenen Räumen benutzt werden kann.

Zweiter Sprechapparat als zusätzlicher Fernsprecher, um den die Außennebenstelle erweitert werden kann. Beide Fernsprecher sind an die gleiche Leitung angeschlossen, nur gelten sie verkehrsmäßig als eine Sprechstelle.

Zweite Wecker, die Rufe auch in Nebenräumen wahrnehmbar machen.

Zweite Hörer in Dosen- oder Muschelform zur Erleichterung der Verständigung in lärmerfüllten Räumen.

Technische Beschreibung
einer Reihenanlage mit Linientasten
nach dem SIEMENS-REIPOS-SYSTEM

Allgemeines

Bei Reihenanlagen verlaufen die Amtsleitungen der Reihe nach über alle amtsberechtigten Nebenstellen. An eine Reihenanlage mit Linientasten (Linienhebel) können je nach Größe bis zu 4 Amtsleitungen und bis zu 16 Sprechstellen einschließlich der Hauptstelle angeschlossen werden. Von einer der Sprechstellen — der Hauptstelle — aus werden die ankommenden Amtsverbindungen im Bedarfsfalle an die Nebenstellen weitergegeben. Die Verbindungen von Nebenstelle zu Nebenstelle (Innenverkehr), sowie die zum Amt stellen sich die Teilnehmer selbst her.

Sprechstellen

Die Sprechstellen können angeschlossen werden als

amtsberechtigte Nebenstelle, deren Inhaber sich die Verbindungen zum Amt selbst herstellen und

nicht amtsberechtigte Nebenstellen, die nur für den Innenverkehr zugelassen sind.

Von allen Nebenstellen aus können Innengespräche geführt werden. Eine der amtsberechtigten Nebenstellen wird als Hauptstelle eingesetzt. Dort befindet sich auch für jede Amtsleitung ein Beikasten, mit eingebautem Wecker und optischem Rufanzeiger.

Nach ihrer örtlichen Lage werden innenliegende Nebenstellen und Außennebenstellen unterschieden. Außennebenstellen befinden sich im allgemeinen nicht auf demselben Grundstück wie die Hauptstelle.

Fernsprecher

Hauptstelle und Nebenstellen erhalten Reipos-Fernsprecher der gleichen Ausführung (Abb. 21).

Der Siemens-Reipos-Fernsprecher ist je nach Größe der Anlage ausgerüstet

für den Innenverkehr mit höchstens 15 Linienhebeln,
für den Amtsverkehr je Amtsleitung mit 1 Amtshebel mit Haltehebel und 1 Besetztschauzeichen, sowie 1 Nummernschalter[1] für die Herstellung abgehender Amtsverbindungen.

Für nicht amtsberechtigte Nebenstellen werden vereinfachte, ihrem Zweck entsprechende Apparate (Linienwähler-Fernsprecher) verwendet.

Abb. 22
Außennebenstelle

Außennebenstellen erhalten Fernsprecher mit Nummernschalter und Erdungstaste (Abb. 22).

Leitungsnetz

Die Reipos-Fernsprecher der Anlage sind durch ein mehrpaariges Kabel miteinander verbunden. Das Kabel enthält die Amtsadern und die Linienwählerleitungen für den Innenverkehr, über die sowohl gerufen als auch gesprochen wird.

Dagegen wird jede Außennebenstelle nur über eine Doppelleitung an die Vermittlungseinrichtung angeschlossen und erhält zusätzlich noch einen Erdanschluß.

Abb. 23
1 = Ruhestellung
2 = Rufstellung
3 = Sprechstnllung

Innenverkehr

Zum Anruf einer anderen Sprechstelle wird nach Abheben des Handapparates der entsprechende Linienhebel bis zum Anschlag heruntergedrückt (Rufstellung; Abb. 23). Nun ertönt in der gewünschten Sprechstelle der Wecker. Wird der Linienhebel losgelassen, so geht er automatisch in Sprechstellung. Der angerufene Teilnehmer nimmt den Handapparat ab und meldet sich.

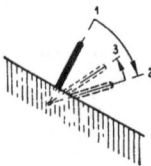

Benutzen mehrere Personen den gleichen Fernsprecher, so können durch Abgabe verabredeter Rufzeichen der Ge-

[1] Entfällt bei Anschluß an ein handbedientes Amt.

wünschte oder auch der Anrufende selbst gekennzeichnet
werden.

Abgehender Amtsverkehr

Um eine Amtsverbindung herzustellen, wird am Reipos-
Fernsprecher der Amtshebel einer freien Amtsleitung heruntergedrückt [Abb. 25] (a). Der zugehörige Haltehebel springt nach
oben (b). Dadurch schaltet sich der Teilnehmer in die Amtsleitung; gleichzeitig wird an jedem Reipos-Fernsprecher durch
das Besetztschauzeichen angezeigt, daß diese Amtsleitung
besetzt ist (c). Bei Anschluß an ein öffentliches Amt mit
Wählbetrieb erhält der Teilnehmer das Wählzeichen des
öffentlichen Amtes (Amtszeichen) und wählt danach die Rufnummer des Amtsteilnehmers. Nach Gesprächsschluß genügt
das Auflegen des Handapparates, um die Verbindung zu
trennen. Der Amtshebel geht wieder in die Ruhestellung
zurück, und das Schauzeichen verschwindet.

Ankommender Amtsverkehr

Bei ankommenden Amtsverbindungen ertönt der Amtswecker bei der Hauptstelle. Sind mehrere Amtsleitungen vorhanden, so wird der Anruf auch optisch
durch einen rotierenden Rufanzeiger
(Abb. 24) gekennzeichnet. Die
Hauptstelle ist nach Abheben des
Handapparates und Niederdrücken
des entsprechenden Amtshebels mit
dem Anrufenden verbunden; gleichzeitig erscheinen an allen Nebenstellen
die Besetztschauzeichen. Ist die
Amtsverbindung für eine Nebenstelle
bestimmt, so wird der Teilnehmer
von der Hauptstelle aus im ,,Innen-
verkehr'' angerufen und ihm das Gespräch angeboten, ohne daß der Amtsteilnehmer mithören kann. Der Nebenstellenteilnehmer schaltet sich
mit dem Amtshebel in die ihm an-

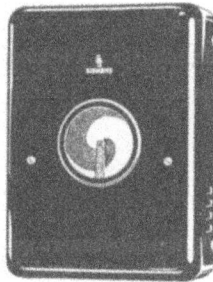

Abb. 24.
Beikasten mit Amts-
wecker und rotierendem
Rufanzeiger

gegebene Amtsleitung. Jetzt erscheint auch an der Hauptstelle das Besetztschauzeichen als Aufforderung, den Handapparat aufzulegen.

Rückfrage während eines Amtsgespräches

Rückfrage mit einem Nebenstellenteilnehmer:
Will ein Teilnehmer während eines Amtsgespräches eine andere Sprechstelle im Innenverkehr anrufen, so drückt er den Linienhebel der betreffenden Sprechstelle herunter [Abb. 25] (d), wobei der Amtshebel in die Rückfragestellung springt(e). Die Amtsverbindung wird aufrecht gehalten. Der dem Amtshebel zugeordnete Haltehebel zeigt weiterhin nach oben (f). Das Rückfragegespräch kann von dem Amtsteilnehmer nicht mitgehört werden. Nach Beendigung der Rückfrage wird das Amtsgespräch durch erneutes Drücken des Amtshebels wieder übernommen.

Rückfrage mit einem Amtsteilnehmer:
Außerdem ist auch Rückfrage über eine der anderen Amtsleitungen möglich. Zu diesem Zweck wird der Hebel einer freien Amtsleitung gedrückt (g) und die Rufnummer des gewünschten

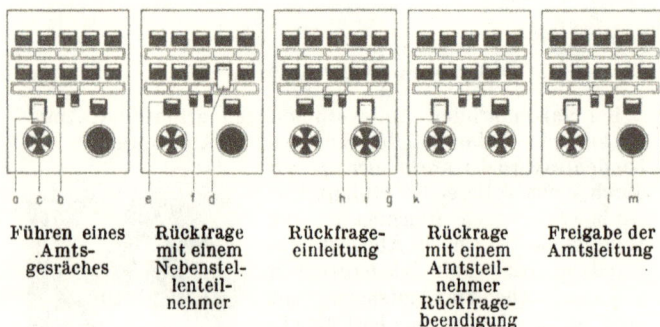

| Führen eines Amtsgesräches | Rückfrage mit einem Nebenstellenteilnehmer | Rückfrageeinleitung | Rückrage mit einem Amtsteilnehmer Rückfragebeendigung | Freigabe der Amtsleitung |

a c b   e f d   h i g k   l m

Abb. 25
Rückfrageverkehr

Amtsteilnehmers gewählt. Der zugehörige Haltehebel springt nach oben (h) und das Besetztschauzeichen erscheint (i). Nach beendigter Rückfrage wird die erste Amtsverbindung durch Hebeldruck wieder übernommen (k). Durch Auslösen (Antippen) des Haltehebels (l) wird die bis dahin gehaltene Amtsverbindung abgeworfen und die Amtsleitung wieder freigegeben. Das Besetztschauzeichen verschwindet (m).

Wird der Haltehebel nicht ausgelöst, so wird die zweite Amtsverbindung weiterhin gehalten. Es besteht also die Möglichkeit, zwischen den beiden Amtsverbindungen beliebig oft zu wechseln (Maklergespräch), ohne daß eine Neuwahl erforderlich ist. Der jeweils in „Rückfrage" wartende Amtsteilnehmer kann selbstverständlich nicht mithören.

Weitergabe (Umlegen) einer Amtsverbindung

Zum Umlegen einer Amtsverbindung wird der gewünschte Teilnehmer in „Rückfrage" angerufen; er kann dann seinerseits die Verbindung durch Niederdrücken des Amtshebels der betreffenden Amtsleitung übernehmen. Die Weitergabe von Amtsverbindungen kann beliebig oft wiederholt werden.

Außennebenstellen

Vermittlungseinrichtungen

Zur Abwicklung des Verkehrs mit den Außennebenstellen wird der Hauptstelle eine Vermittlungseinrichtung zugeordnet. Mit ihr sind die Außennebenstellen durch eine Doppelleitung verbunden.

Es werden unterschieden:

Vermittlungseinrichtungen mit selbsttätiger Durchschaltung der Außennebenstellen zum Amt (selbsttätige Vermittlungseinrichtungen) und

handbediente Vermittlungseinrichtungen.

Innenverkehr

Die Außennebenstellen werden im Innenverkehr genau wie die anderen Sprechstellen angerufen. Der Teilnehmer einer Außennebenstelle ruft die Hauptstelle durch Abheben des Handapparates und durch zusätzlichen Tastendruck an[1]. Wünscht er eine Verbindung mit einer anderen Sprechstelle, so wird diese von der Hauptstelle aus im „Innenverkehr" angerufen und der Teilnehmer gebeten, sich mit dem Linienhebel in die betreffende Leitung einzuschalten. Bei Anlagen mit 1 Außennebenstelle kann von dieser aus durch längeren Tastendruck eine bestimmte innenliegende Nebenstelle unmittelbar angerufen werden. Diese Möglichkeit besteht bei Anlagen mit 2 Außennebenstellen nicht. Dagegen können sich hier die Teilnehmer durch Tastendruck und anschließende Nummernwahl gegenseitig direkt erreichen.

---

[1] Der Tastendruck entfällt bei handbedienten Vermittlungseinrichtungen.

Abgehender Amtsverkehr

Die Teilnehmer sind nach Wählen der Ziffer „1" sofort mit einer freien Amtsleitung verbunden. Sind die Amtsleitungen bereits belegt, so wird dies durch ein Summerzeichen kenntlich.[1])

Ankommender Amtsverkehr

Ist die Reipos-Anlage mit einer selbsttätigen Vermittlungseinrichtung für 2 Amtsleitungen und 2 Außennebenstellen versehen, so werden ankommende Amtsrufe nicht durch einen rotierenden Rufanzeiger, sondern durch Aufleuchten einer Anruflampe an einem Bedienungskästchen angezeigt. Gleichzeitig ertönt eine Schnarre (Gleichstrom). Das Bedienungskästchen enthält ferner die Verbindungstasten für die Außennebenstellen.

Von der Hauptstelle aus wird der Teilnehmer der Außennebenstelle im „Innenverkehr" angerufen und das Gespräch angeboten. Wenn die Annahme erwünscht ist, erfolgt Durchschaltung durch Druck auf die zugehörige Verbindungstaste. Nach Gesprächsschluß wird die Verbindung selbsttätig getrennt[2])

Rückfrage[3])

Während eines Amtsgespräches haben auch die Teilnehmer der Außennebenstellen die Möglichkeit, Rückfrage zu halten. Die Rückfrage wird durch Tastendruck eingeleitet, durch Tastendruck beendet und vollzieht sich über die gleiche Doppelleitung. Rückfrageanrufe kommen bei der Hauptstelle an. Bezüglich Abwicklung der Rückfrageverbindungen wird auf den Abschnitt „Innenverkehr der Außennebenstellen" verwiesen.

Selbsttätige Rufweiterschaltung[4])

Amtsrufe, die in 15—20 Sekunden bei der Hauptstelle nicht abgefragt sind, werden selbsttätig weitergeleitet. Amtsrufe der Amtsleitung 1 gehen zur Außennebenstelle 1, während die auf Amtsleitung 2 ankommenden zur Außennebenstelle 2 geleitet werden. Der Ruf ertönt hierbei an Haupt- und Außennebenstelle gleichzeitig.

Führt der Teilnehmer einer Außennebenstelle während der Rufweiterschaltung gerade ein Innengespräch, so wird die

---

[1]) Bei handbedienter Vermittlungseinrichtung nur nach Vermittlung bei der Hauptstelle, wobei das Summerzeichen entfällt.

[2]) Bei handbedienter Vermittlungseinrichtung ist der dafür vorgesehene Hebel umzulegen.

[3]) Entfällt bei den meisten handbedienten Vermittlungseinrichtungen.

[4]) Entfällt bei handbedienter Vermittlungseinrichtung.

ankommende Amtsverbindung durch Überlagerung eines Summerzeichens angekündigt.

Nachtschaltung

Durch Umlegen des Nachtschalters werden die Amtsleitungen unabhängig von der selbsttätigen Rufweiterschaltung unmittelbar den Außennebenstellen zugeordnet. Hiervon kann in Betriebspausen oder nach Betriebsschluß Gebrauch gemacht werden; die Amtsrufe kommen dann sofort bei den Außennebenstellen an.

Von den Außennebenstellen aus können auch bei bestehender Nachtschaltung Innengespräche geführt werden[1]). Ein gleichzeitig eintreffender Amtsruf wird durch Überlagerung eines Summerzeichens kenntlich gemacht[1]).

Stromversorgung

Die Anlage wird aus einer Batterie von 12 Volt gespeist. Durch Verwendung einer Zusatzbatterie kann auch der Anschluß einer besonders weit entfernten Außennebenstelle ermöglicht werden.

Ergänzungs- und Zusatzeinrichtungen

Über diese Verkehrsmöglichkeiten hinaus kann besonderen Betriebsbedingungen durch Ergänzungs- und Zusatzeinrichtungen entsprochen werden.

Ergänzungseinrichtungen:

Halbamtsberechtigte Nebenstellen, die Amtsleitungen nur über die Hauptstelle zugeteilt erhalten.

Mitsprechmöglichkeit, die es bevorzugten Teilnehmern gestattet, in Amtsgespräche anderer Nebenstellenteilnehmer mitsprechend einzugreifen.

Ist in einer Reipos-Anlage mit 1 Amtsleitung eine Vermittlungseinrichtung mit selbsttätiger Durchschaltung für 1 Außennebenstelle vorhanden, so kann dieser Teilnehmer ebenfalls bei Amtsgesprächen anderer Nebenstellen mitsprechen, wenn es gewünscht wird.

Querverbindungsverkehr mit anderen selbständigen Nebenstellenanlagen.

Selbsttätiger Amtsrufumschalter für einmalige Rufweiterschaltung eingehender Amtsrufe nach einer Reihennebenstelle.

Zusatzeinrichtungen:

Fernsprecher mit Stecker für Außennebenstellen, die über Anschlußdosen in verschiedenen Räumen benutzt werden können.

---

[1]) Entfällt bei handbedienter Vermittlungseinrichtung.

Zweite Sprechapparate als zusätzliche Fernsprecher, um die einzelne Außennebenstellen erweitert werden können. Beide Fernsprecher sind an die gleiche Leitung angeschlossen und gelten verkehrsmäßig als eine Sprechstelle.

Zweite Wecker, die Rufe auch in Nebenräumen wahrnehmbar machen. Sie können auch mit sichtbaren Zeichen geliefert werden.

Zweite Hörer in Dosen- und Muschelform erleichtern die Verständigung in lärmerfüllten Räumen.

Reihenanlagen einfacher Art und Reihenanlagen mit Linientasten

Fragen und Antworten

F 111: Wie lang darf die Apparatanschlußschnur bei Reihenapparaten sein?

A: Da bei Reihenapparaten keine Anschlußdosen verwendet werden dürfen, kann die Höchstlänge von 6 m ausnahmsweise überschritten werden, wenn nach den örtlichen Verhältnissen nicht zu erwarten ist, daß die Schnur häufig beschädigt wird.

F 112: Wie lang sind die Apparatanschlußschnüre nach der Regelausstattung bemessen?

A: Die Apparatanschlußschnüre werden nach der Regelausstattung in einer Länge bis zu 2 m geliefert.

F 113: Wie ist der Amtsruf in Reihenanlagen kenntlich zu machen?

A: In Reihenanlagen mit einer Amtsleitung genügt ein hörbares Zeichen zur Kenntlichmachung des Amtsrufes. Bei Reihenanlagen zu zwei Amtsleitungen können nach der Regelausstattung entweder nur hörbare oder sichtbare und hörbare Zeichen vorgesehen werden, während bei 3 und 4 Amtsleitungen beide Zeichen vorgeschrieben sind (vergl. Abb. 24).

F 114: Wodurch wird ein Amtsanruf bewerkstelligt?

A: Der Amtsanruf ist ein vom Teilnehmer zum Amt (zur Vermittlungstelle) entsandter Ruf, der nicht mit dem Amtsruf verwechselt werden darf. Er wird bei direktem Anschluß an W- oder ZB-Ämter dadurch hervorgerufen, daß der Teilnehmer durch Abnehmen des Handapparates (bei Reihenanlagen außerdem noch durch Umlegen eines Amtshebels) einen Gleichstromfluß über die a/b-Leitung ermöglicht, während bei Anschluß an OB-Ämter Rufwechselstrom zum Amt entsandt werden muß. Hierfür dient entweder ein Kurbelinduktor oder ein Polwechsler.

F 115: Was versteht man unter einem Amtsrufumschalter?

A: Ein Amtsrufumschalter ist eine Einrichtung, durch die ein bei der Abfragestelle (Hauptstelle) ankommender Amtsruf, wenn dort nicht innerhalb 20 bis 30 Sekunden abgefragt wird, selbsttätig nach einer Reihen-Nebenstelle weitergeleitet wird.
Die hierbei außer dem eigentlichen Amtsrufumschalter benötigten Wecker und die bei einigen Systemen zur Kenntlichmachung des Amtsrufes notwendigen Sternschauzeichen sind gebührenpflichtige Zusatzeinrichtungen. In Wähl-Anlagen heißt diese Einrichtung ,,Einmalige selbsttätige Rufweiterschaltung in einer Amtsleitung". Die nochmalige Weiterschaltung zu einer weiteren Nebenstelle ist unzulässig.

F 116: Wozu wird eine Vermittlungseinrichtung für Außennebenstellen benötigt?

A: Für den Anschluß von Außennebenstellen, die auf einem anderen als dem Grundstück der Hauptstelle erstellt werden sollen, wird von der Deutschen Post für jede Außennebenstelle nur eine Doppelleitung zur Verfügung gestellt. Es kann daher ein Reihenapparat als Sprechapparat für eine Außennebenstelle nicht angeschlossen werden. Um den Teilnehmern bei Außennebenstellen, die daher nur einen gewöhnlichen Sprechapparat erhalten können, annähernd die gleichen Verkehrsmöglichkeiten zu bieten, wie sie die Teilnehmer mit Reihenapparaten haben, benötigt man eine Vermittlungseinrichtung für Außennebenstellen.
An diese können auch Außennebenstellen, die auf dem Grundstück der Hauptstelle liegen, angeschlossen werden, so daß hierbei — wenn größere Leitungsstrecken in Betracht kommen — erhebliche Kabelkosten eingespart werden können.

F 117: Welcher Unterschied besteht in Reihenanlagen zwischen „Rückfrage über eine andere Amtsleitung" und „Makeln"?

A: Die Amtsrückfrage wird durch das Drücken eines freien (zweiten) Amtshebels eingeleitet. Wenn nach Beendigung dieser Rückfrage beim Fortsetzen des Gesprächs auf der ersten Amtsleitung die Rückfrageverbindung auf der zweiten Amtsleitung selbsttätig oder von Hand abgeworfen wird, so hat der betreffende Teilnehmer lediglich „Rückfrage über eine andere Amtsleitung" gehalten.

Wird dagegen die Rückfrageverbindung auf der zweiten Amtsleitung nicht abgeworfen — weil z. B. der bei Siemens-Reipos-Apparaten jeder Amtsleitung zugeordnete Haltehebel (Seitenschalter) nicht zurückgestellt (angetippt) wird — so bleibt auch die zweite Amtsverbindung bestehen. Der Teilnehmer kann dann durch erneuten Druck auf den Amtshebel über die zweite Amtsleitung erneut rückfragen, ohne nochmals wählen zu müssen. Es kann zwischen beiden Amtsverbindungen beliebig oft gewechselt werden. Diesen Vorgang nennt man „Makeln". Man kann z. B. bei Börsengeschäften auf der einen Amtsleitung „Käufe tätigen", während man auf der anderen Amtsleitung sofort „verkauft" und daher wiederholt über die eine oder andere Amtsleitung sprechen muß.

F 118: Wie wird ein bei der Hauptstelle eingelaufener Amtsruf an einen Nebenstellenteilnehmer (mit Reihenapparat) weitergegeben, wenn dieser ein anderweitiges Gespräch führt?

A: Führt der Teilnehmer einer Reihennebenstelle ein Innengespräch, so ist die Bedienungsperson bei der Hauptstelle nach Drücken der Linientaste (des Linienhebels) ohne weiteres auf das bestimmte Innengespräch geschaltet und kann die Amtsverbindung ankündigen. Führt er dagegen ein Amtsgespräch, so muß nach der Regelausstattung sichergestellt sein, daß auch dann der Wecker für Innenanrufe („Hauswecker") ertönt. Dieses Ruforgan darf also bei umgelegtem Amtshebel nicht abgeschaltet sein.

F 119: Kann ein Teilnehmer von einer Reihennebenstelle aus auch einen in Gespräch befindlichen Teilnehmer einer Außennebenstelle erreichen?

A: Wenn von der Außennebenstelle aus ein Innengespräch geführt ist, so ist der Teilnehmer ohne weiteres
erreichbar; wird dagegen von der Außennebenstelle
ein Amtsgespräch geführt, so ist er nicht zu erreichen.
Der rufende Teilnehmer kann hierbei ein Besetztzeichen erhalten.
Das Besetztzeichen darf nach der Regelausstattung
bei handbedienten Vermittlungseinrichtungen fehlen.

Abb. 26
MIX & GENEST-NURDIE-TISCHFERNSPRECHER
für 1 Amtsleitung mit 4 Ruftasten

Bei Vermittlungseinrichtungen mit selbsttätiger
Durchschaltung der Außennebenstellen zum Amt
darf das Besetztzeichen auch darin bestehen, daß das
Freizeichen beim Rufen ausbleibt.

F 120: Darf für Reihenanlagen einfacher Art („Reiha",
„Nurdie", „Simplex" u. a.) eine handbediente Vermittlungseinrichtung für eine Außennebenstelle verkauft werden?

A: Nein, handbediente Vermittlungseinrichtungen sind
nach der Fernsprechordnung von 1950 nur für Reihenanlagen mit Linientasten vorgesehen.

F 121 : Welche Anforderungen werden nach der Fernsprechordnung von 1950 an handbediente Vermittlungseinrichtungen für Außennebenstellen gestellt, die nach den bisherigen Regelausstattungen nicht erfüllt zu werden brauchten?

A : Nach der neuen Fernsprechordnung ist als Regelausstattung vorgesehen:
„Hörbares, bei mehr als 1 Amtsleitung auch sichtbares Eintretezeichen für die Hauptstelle bei Amtsverbindungen der Außennebenstellen oder selbsttätige Umschaltung auf Rückfrage."

F 122 : Welche bisherige Ergänzungsausstattung muß bei Vermittlungseinrichtungen mit selbsttätiger Durchschaltung der Außennebenstelle zum Amt nach der Fernsprechordnung von 1950 als Regelausstattung geliefert werden?

A : „Die selbsttätige Weiterschaltung eingehender Amtsrufe zur Außennebenstelle" ist Regelausstattung geworden; sie kann daher nicht mehr in Rechnung gestellt werden, sondern ist im Preis für die Vermittlungseinrichtung mit einbegriffen.

F 123 : Welcher hauptsächlichste Unterschied besteht zwischen „Reihenanlagen einfacher Art" und „Reihenanlagen mit Linientasten"?

A : Der Innenverkehr vollzieht sich bei Reihenanlagen einfacher Art über nur eine Doppelleitung, an die sämtliche Sprechstellen angeschlossen sind, während bei Reihenanlagen mit Linientasten für jede Sprechstelle eine Doppelleitung vorgesehen ist.

F 124 : Wie steht es bei Reihenanlagen mit dem Geheimverkehr?

A : Amtsgespräche sind bei allen Reihenanlagen geheim. Mithören ist nur über eine besonders vorzusehende „Mitspracheinrichtung" (Mithöreinrichtung) möglich. Der Hausverkehr ist dagegen nur in „Reihenanlagen mit Wählern" (siehe diese) geheim.

F 125 : Ist es in Reihenanlagen zulässig, eine Amtsleitung nur über einen Teil der Reihennebenstellen zu führen, so daß sie nur bestimmten Teilnehmern zugänglich ist?

A: Bei allen Nebenstellenanlagen muß die Hauptstelle mit jeder Nebenstelle verbunden und jede amtsberechtigte Nebenstelle an jede in ankommender Richtung betriebene Amtsleitung angeschaltet werden können. Jedoch dürfen in Reihenanlagen ausnahmsweise einige bevorzugte Reihenstellen mit mehr Amtsleitungen ausgestattet werden und entsprechend Reihenapparate halten, die für mehr Amtsleitungen aufnahmefähig sind als die übrigen. In privaten Reihenanlagen müssen in den überschießenden Amtsleitungen mindestens 2 Reihenstellen hintereinander eingeschaltet sein.

Reihenanlagen mit Wählern

Allgemeines

In Bezug auf die Reihenschaltung der Amtsleitungen unterscheiden sich diese Anlagen nicht erheblich von den Reihenanlagen mit Linientasten. Der wesentliche Unterschied besteht darin, daß der Innenverkehr über eine Wähleinrichtung abgewickelt wird und demzufolge geheim ist. Durch die Verwendung einer Wähleinrichtung wird für den Innenverkehr von jeder Sprechstelle aus nur eine Doppelleitung nach der Wähleinrichtung benötigt. Das hochpaarige Leitungsnetz, das bei Reihenanlagen mit Linientasten für den Innenverkehr (Linienwählerverkehr) erforderlich ist, vermindert sich also bis auf je eine Doppelleitung von jeder Nebenstelle zur Wähleinrichtung.

Reihenanlagen mit Wählern werden für 2—4 Amtsleitungen und höchstens 50 Nebenstellen, davon höchstens 15 Reihennebenstellen, eingerichtet.

Die Wähleinrichtung muß im Gebäude der Hauptstelle oder einer Reihennebenstelle untergebracht sein.

Bei der Siemens & Halske Aktiengesellschaft wurden derartige Anlagen als „REIAUT-Anlagen" bezeichnet. Als optische Besetztzeichen für die Amtsleitungen fanden Glühlampen Verwendung.

Die Wähleinrichtung für den Innenverkehr kann als Relaiszentrale oder als Wählerzentrale (nach dem Anrufsucherprinzip oder auch nach dem Vorwählerprinzip) erstellt werden.

Nach der Fernsprechordnung von 1950 sind Reihenanlagen mit Wählern nur bei Wiederverwendung vorhandener Anlagen zugelassen.

Technische Beschreibung
einer Reihenanlage mit Wählern
nach dem Siemens-REIAUT-System

Allgemeines

Bei einer Reihenanlage mit Wählern verlaufen die Amtsleitungen gleichfalls der Reihe nach über alle Reihennebenstellen. An sie können je nach Bauart bis zu 4 Amtsleitungen und bis zu 50 Sprechstellen angeschlossen werden.

Von einer der Sprechstellen, von der Hauptstelle aus, wird die Weitergabe ankommender Amtsverbindungen vorgenommen. Der Verkehr der Teilnehmer untereinander (Innenverkehr) sowie der abgehende Amtsverkehr werden ohne Mitwirken einer Vermittlungsperson abgewickelt; für den Innenverkehr ist eine Wähleinrichtung vorgesehen, so daß auch bei Innengesprächen das Geheimsprechen gewährleistet ist.

Sprechstellen

Die Sprechstellen werden als voll amtsberechtigte, gegebenenfalls halb amtsberechtigte oder nicht amtsberechtigte Nebenstellen angeschlossen. Von den voll amtsberechtigten Nebenstellen aus können außer Innengesprächen auch Amtsgespräche geführt werden, wobei sich die Teilnehmer die Amtsverbindungen selbst herstellen. Auf Wunsch kann die Amtsberechtigung derart eingeschränkt werden, daß abgehende Amtsverbindungen

Abb. 27
SIEMENS-REIAUT-FERNSPRECHER
für 4 Amtsleitungen

nur durch Vermittlung bei der Hauptstelle zustande kommen (halb amtsberechtigte Nebenstellen).

Nicht amtsberechtigte Nebenstellen sind nur für den Innenverkehr bestimmt; von ihnen aus können Amtsgespräche nicht geführt werden. Eine der voll amtsberechtigten Nebenstellen mit Reihenfernsprecher wird als Hauptstelle eingesetzt. Dort werden auch die Organe für ankommende Amtsrufe untergebracht.

Nach ihrer örtlichen Lage werden innenliegende und außenliegende Nebenstellen (Außennebenstellen genannt) unterschieden.

Die Außennebenstellen brauchen sich nicht in jedem Falle auf einem anderen Grundstück als die Hauptstelle zu befinden. (Vgl. Frage 34 (116) Seite 27 (91).)

Zur Abwicklung des Verkehrs mit den Außennebenstellen wird die Hauptstelle mit einer Vermittlungseinrichtung ausgerüstet. Je nach Art der Vermittlungseinrichtung werden die Außennebenstellen bei abgehenden Amtsverbindungen selbsttätig oder durch Vermittlung bei der Hauptstelle zum Amt durchgeschaltet.

Fernsprecher

Außer der Hauptstelle können bis zu 15 innenliegenden Nebenstellen mit Reihenfernsprechern ausgerüstet werden.

Die Reihenfernsprecher enthalten je nach Größe der Anlage zwei oder vier Amtshebel (vergl. Abb. 27); jedem Amtshebel ist eine Besetztlampe zugeordnet. Die Fernsprecher sind ferner mit Nummernschalter, Rückfrage- und Rufhebel (Erdungstaste) ausgerüstet. Bevorzugte Nebenstellenteilnehmer erhalten auf Wunsch Fernsprecher, die für die Teilnahme an Amtsgesprächen anderer

Abb 28
Elfenbeinfarbiger Fernsprecher
für eine Außennebenstelle

Teilnehmer mit Mitsprechhebeln versehen sind und die oberhalb der einzelnen Amtshebel angeordnet werden.

Bei Außennebenstellen und bei den nicht amtsberechtigten Nebenstellen werden Tisch- oder Wandfernsprecher der einfachen Ausführung mit Nummernschalter mit oder ohne Erdungstaste verwendet (vergl. z. B. auch Abb. 28).

Diese Fernsprecher können auf Wunsch über Stecker und Anschlußdose angeschaltet und so in verschiedenen Räumen verwendet werden.

An jede dieser Sprechstellen läßt sich ein zusätzlicher Fernsprecher, ein sogenannter „zweiter Sprechapparat" anschließen.

Leitungsnetz

Die Amtsleitungen führen an die Amtshebel aller Reihenfernsprecher, die also der Reihe nach an die Amtsleitungen angeschlossen sind. Für den Innenverkehr ist jede Sprechstelle, auch die nicht amtsberechtigte, (Abb. 29), über eine Doppelleitung an die Wähleinrichtung angeschlossen.

Eine Außennebenstelle ist dagegen nur über eine einzige Doppelleitung mit der Vermittlungseinrichtung und über diese hinaus mit der Wähleinrichtung verbunden (vgl. die Frage 34 Seite 27).

Abb. 29
Tischfernsprecher für eine nicht amtsberechtigte Nebenstelle

Innenverkehr

Innenverbindungen werden nach dem Abheben durch Wählen mit dem Nummernschalter über die Wähleinrichtung hergestellt. Geheimsprechen ist dabei gewährleistet.

Abgehender Amtsverkehr

Zum Herstellen einer Amtsverbindung wird am Reihenfernsprecher der Amtshebel einer freien Amtsleitung heruntergedrückt. Dadurch wird die Sprechstelle von der Wähleinrichtung abgetrennt und an die Amtsleitung geschaltet; gleichzeitig wird durch Besetztlampen an allen Reihenfernsprechern angezeigt, daß diese Amtsleitung belegt ist.

Bei öffentlichen Ämtern mit Wählbetrieb erhält der Teilnehmer das Wählzeichen und wählt danach die Rufnummer des Amtsteilnehmers. Bei Anschluß an ein öffentliches OB-Handamt wird dieses nach dem Herunterdrücken des Amtshebels mittels des gemeinsamen Rufhebels gerufen.

Nach Gesprächsschluß genügt das Auflegen des Handapparates, um die Verbindung zu trennen und den Amtshebel in die Ruhelage zu bringen.

Ankommender Amtsverkehr

Bei einer ankommenden Amtsverbindung ertönt im Bedienungsbeikasten bei der Hauptstelle eine Schnarre; gleichzeitig leuchten für diese Amtsleitung die Anruflampe im Bedienungsbeikasten und die Besetztlampen sämtlicher Reihenfernsprecher auf. Die Leitung ist also überall als belegt gekennzeichnet. Die Bedienungsperson der Hauptstelle ist nach Abheben des Handapparates und Niederdrücken des betreffenden Amtshebels mit dem Anrufenden verbunden. Ist die Amtsverbindung für eine Nebenstelle bestimmt, so wird diese von der Hauptstelle aus nach Niederdrücken des Rückfragehebels über die Wähleinrichtung gewählt (siehe „Rückfrage"). Mit dem Umlegen des Rückfragehebels beginnt die Besetztlampe an der Hauptstelle zu flackern. Der gewünschte Teilnehmer schaltet sich durch Niederdrücken seines Amtshebels in die ihm angegebene Amtsleitung. Dadurch leuchtet die Besetztlampe bei der Hauptstelle wieder ruhig, als Zeichen dafür, daß dort aufgelegt werden kann.

Ist die Nebenstelle besetzt, so hat die Bedienungsperson die Möglichkeit, sich auf das bestehende Gespräch aufzuschalten, um die Amtsverbindung anzubieten. Die Sprechenden werden durch ein akustisches Zeichen auf die Aufschaltung aufmerksam gemacht, so daß auch hierbei das Gesprächsgeheimnis gewahrt bleibt.

Rückfrage

Will ein Teilnehmer während eines Amtsgespräches bei einer anderen Sprechstelle zwecks Auskunft usw. Rückfrage halten, so drückt er den Rückfragehebel herunter. Hierdurch wird die Sprechstelle von der Amtsleitung abgetrennt und an die Wähleinrichtung geschaltet. Danach kann der gewünschte Teilnehmer gewählt werden. Die Amtsverbindung wird während dieser Zeit gehalten; das Rückfragegespräch kann vom Amtsteilnehmer nicht mitgehört werden. Nach Beendigung der Innenrückfrage wird das Amtsgespräch durch erneutes Herunterdrücken des betreffenden Amtshebels wieder übernommen; der Rückfragehebel springt dabei in die Ruhestellung zurück und die Innenverbindung wird selbsttätig getrennt.

Außerdem kann auch eine Rückfrage über eine andere Amtsleitung gehalten werden. Die Amtsrückfrage wird durch Niederdrücken eines freien Amtshebels eingeleitet. Dabei springt der Amtshebel der bisher benutzten Leitung in die Rückfragestellung, in der die Amtsleitung gehalten wird. Die Rückfragestellung ist daran zu erkennen, daß der zur Amtsleitung gehörige Haltehebel nach oben zeigt. Nach beendeter Rückfrage wird die erste Amtsverbindung durch Niederdrücken des betreffenden Amtshebels wieder übernommen; die zweite Amtsleitung wird durch Abwerfen (Antippen) des Haltehebels freigegeben. Wird dieser nicht zurückgestellt, so wird jetzt auch die zweite Amtsverbindung gehalten. Es besteht also die Möglichkeit, zwischen den beiden Amtsverbindungen beliebig zu wechseln („makeln"), ohne daß eine Neuwahl erforderlich ist; (makeln, siehe Frage 117 Seite 92). Der jeweils in Rückfrage wartende Amtsteilnehmer kann selbstverständlich nicht mithören.

Umlegen einer Amtsverbindung

Zum Umlegen einer Amtsverbindung wird der gewünschte Teilnehmer in „Rückfrage" angerufen und kann dann seinerseits die Verbindung durch Niederdrücken des Amtshebels der betreffenden Leitung übernehmen. Während der Rückfrage — bis zur Übernahme der Verbindung — flackert an der umlegenden Stelle die Besetztlampe (Ergänzungsausstattung). Der umlegende Teilnehmer erkennt am Aufhören des Flackerns, daß die Verbindung übernommen worden ist und legt den Handapparat auf. Die Weitergabe von Amtsverbindungen kann beliebig oft wiederholt werden.

Mitsprechen

Auf Wunsch kann eine Mitsprechmöglichkeit geschaffen werden.

Die Teilnehmer erhalten zu diesem Zweck Reihenfernsprecher mit Mitsprechhebeln, die oberhalb der Amtshebel angeordnet sind; sie können auf diese Weise bei Amtsgesprächen anderer Teilnehmer mitsprechen.

Verkehrsmöglichkeiten von Außennebenstellen

An Reihenanlagen mit Wählern können bis zu zwei Außennebenstellen angeschlossen werden.

Innenverkehr

Innenverbindungen von und nach Außenstellen werden wie bei jeder anderen Sprechstelle selbsttätig hergestellt.

Abgehender Amtsverkehr

Nach dem Abheben wird die Erdungstaste am Fernsprecher gedrückt. Danach ist die Außennebenstelle sofort mit einer freien Amtsleitung verbunden. Der Anschluß der Außennebenstelle wird während der Verbindung mit der Amtsleitung für Anrufe über die Wähleinrichtung gesperrt.

Beim Abheben erhält der Teilnehmer der Außennebenstelle das Wählzeichen der eigenen Wähleinrichtung. Sind alle Amtsleitungen belegt, so ertönt dieses Zeichen auch nach dem Tastendruck weiter.

Ankommender Amtsverkehr

Die Bedienungsperson bei der Hauptstelle bietet dem Teilnehmer der Außennebenstelle die Amtsverbindung in „Rückfrage" an und drückt die Taste an der Vermittlungseinrichtung, die der betreffenden Amtsleitung und der Außennebenstelle zugeordnet ist. Dieser Tastendruck entspricht dem Niederdrücken des Amtshebels bei einer Reihennebenstelle; die Außennebenstelle wird dadurch von der Wähleinrichtung abgetrennt und an die Amtsleitung geschaltet; die während der Rückfrage flackernde Besetztlampe an der Hauptstelle leuchtet wieder ruhig, so daß dort aufgelegt werden kann. Nach Gesprächsschluß genügt bei der Außennebenstelle das Auflegen des Handapparates, um die Verbindung zu trennen.

Die Bedienung wird also lediglich zur Herstellung ankommender Amtsverbindungen in Anspruch genommen.

Nachtschaltung

Durch Umlegen der Nachtschalter werden die einzelnen Amtsleitungen mit bestimmten Außennebenstellen unmittelbar verbunden. Nach Betriebsschluß oder in Arbeitspausen werden die ankommenden Amtsrufe dann sofort diesen Außennebenstellen zugeleitet.

Bei Nachtschaltung erhält der Teilnehmer einer Außennebenstelle die Amtsleitung sofort nach dem Abheben des Handapparates.

Stromversorgung

Als Stromversorgung dient eine Akkumulatorenbatterie von 24 Volt, die gleichzeitig für die Wähleinrichtung verwendet wird. Die Batterie kann über geeignete Anschlußgeräte selbsttätig entsprechend der Stromentnahme gepuffert werden. Auch ist an Stelle einer Batterie die Speisung aus einem Netzanschlußgerät möglich.

Reihenanlagen mit Wählern
Fragen und Antworten

F 126: Was versteht man unter:
„Anzeige der Übernahme eines Amtsgespräches durch hörbares oder sichtbares Zeichen für jede Amtsleitung und für jede amtsberechtigte Reihenstelle?"

A: Wenn ein Amtsgespräch von einer Reihennebenstelle einer anderen Reihennebenstelle übergeben wird, besteht die Gefahr, daß der Übergebende seinen Handapparat auflegt, bevor der zur Übernahme aufgeforderte Teilnehmer sich in die Amtsleitung eingeschaltet hat. Wenn aber diese Ergänzungseinrichtung eingebaut ist, so erhält der Übergebende ein hör- oder sichtbares Zeichen, sobald der Übernehmende seinerseits den Amtshebel heruntergedrückt hat.

Bei Reihenanlagen der Siemens & Halske Aktiengesellschaft flackert die Besetztlampe am Fernsprecher des Übergebenden solange, bis die Übernahme vollzogen ist. Die Telefonbau und Normalzeit G.m.b.H. verwendet als Besetztanzeiger für die Amtsleitungen sog. Zwillingsschauzeichen. Dort erscheint während der Übergabe das rote Schauzeichen und nach der Übernahme der Verbindung wiederum das weiße Schauzeichen als Zeichen dafür, daß der Übergebende seinen Handapparat auflegen kann.

F 127: Wieviel amtsberechtigte Nebenstellen dürfen maximal an eine Reihenanlage mit Wählern angeschlossen werden?

A: Nach der Fernsprechordnung ist die Zahl der Reihennebenstellen auf 15 beschränkt; als 16. amtsberechtigte Sprechstelle kommt die Hauptstelle in Betracht. Der Zweck dieser Vorschrift ist, die Amtsleitungen über nicht mehr als 15 Unterbrechungsstellen (Amtsschalter) zu führen, bevor sie auf der Hauptstelle enden. Danach müßten, nach Ansicht des Verfassers, sinngemäß auch Außennebenstellen, für die in der Vermittlungseinrichtung gleichfalls Schalter oder entsprechende Relaiskontakte vorgesehen sind, in die Zahl von 15 einbezogen werden.

F 128: Was ist in Bezug auf die Anzeigevorrichtung für das Ansprechen von Sicherungen zu bemerken?

A: Bei Reihenanlagen mit Wählern gehört die Anzeigevorrichtung für das Ansprechen von Sicherungen (Sicherungsalarmeinrichtung) nicht zur Regel, sondern zur Ergänzungsausstattung.

F 129: Ist nach der Fernsprechordnung zulässig, für zwei getrennte Reihenanlagen eine gemeinsame Wähleinrichtung zu benutzen?

A: Ja! Ausnahmsweise ist es zulässig, bei Nebenstellen-
       anlagen mit besonderer Wähleinrichtung für Innen-
       gespräche (Reihenanlagen mit Wählern und W-Neben-
       stellenanlagen ohne Amtswahl) auf eine eigene Wähl-
       einrichtung zu verzichten und die Innengespräche
       über die Wähleinrichtung einer anderen solchen Anlage
       oder einer W-Nebenstellenanlage mit Amtswahl abzu-
       wickeln. Voraussetzung ist, daß die Anlagen auf dem-
       selben oder auf benachbarten Grundstücken liegen.

Nebenstellenanlagen mit Wählern
zu 1 Amtsleitung und 3-9 Nebenstellen
(Kleine W-Anlagen)

Allgemeines über W-Anlagen

Nach der Anzahl der Anschlußorgane für Amtsleitungen
und für Nebenstellen unterscheidet man:

Kleine Wählanlagen, das sind Nebenstellenanlagen mit
Wählern für 1 Amtsleitung und 3 bis 9 Nebenstellen.

Mittlere Wählanlagen mit Amtswahl, das sind Nebenstellenanlagen mit Wählern für 2 bis 10 Amtsleitungen und
10 bis 100 Nebenstellen, bei denen die abgehenden Amtsverbindungen und die Innenverbindungen selbsttätig, die ankommenden Amtsverbindungen über Wähler oder über Schnüre
oder andere handbediente Schaltmittel aufgebaut werden.

Große Wählanlagen mit Amtswahl nennt man Nebenstellenanlagen mit Wählern für eine Aufnahmefähigkeit von
mehr als 5 bis zu 100 Amtsleitungen und mehr als 50 bis zu
1000 Nebenstellen, bei denen die abgehenden Amtsverbindungen und die Innenverbindungen selbsttätig, die ankommenden Amtsverbindungen über Wähler oder über Schnüre
oder andere handbediente Schaltmittel aufgebaut werden.

Die kleinen Wählanlagen werden z. B. von der Siemens &
Halske Aktiengesellschaft teilweise als Relaiszentralen ausgeführt. Bei den Relaiszentralen werden ausschließlich Relais
für alle Verkehrsmöglichkeiten verwendet, wodurch also Drehwähler oder Hebdrehwähler usw. entfallen. Innerhalb des
Bereiches der kleinen Wählanlagen unterscheidet man folgende Baustufen für die Vermittlungseinrichtungen:

Baustufe:

I A für 3 Nebenstellen mit 1 Innenverbindungssatz,
I B für 5 Nebenstellen mit 1 Innenverbindungssatz,
I C_1 für 9 Nebenstellen mit 1 Innenverbindungssatz[1]),
I C_2 für 9 Nebenstellen mit 2 Innenverbindungssätzen,
dazu die Abfragestelle.

Als Abfragefernsprecher dient ein normaler W-Apparat. Kleine Wählanlagen werden für Netzanschluß- und auch für Batteriebetrieb erstellt.

Technische Beschreibung einer Kleinen W-Anlage nach dem Siemens-NEHA-System

Baustufe	Endausbau		
	Anschlußorgane für		
	Amtsleitungen	Abfragestelle	Nebenstellen
I B	1	1	5
I C_1	1	1	9

Allgemeines

An die Anlagen der Baustufen I B und I C_1 können 1 Amtsleitung und 6 bzw. 10 Sprechstellen, jeweils einschließlich der Abfragestelle, angeschlossen werden. Die Abfragestelle übernimmt die Vermittlung ankommender Amtsverbindungen. Der Verkehr der Teilnehmer untereinander (Innenverkehr) sowie der abgehende Amtsverkehr werden selbsttätig abgewickelt.

Die Wähleinrichtung

Die Verbindungen werden sowohl im Innenverkehr als auch im ankommenden und abgehenden Amtsverkehr ausschließlich über Relaisanordnungen hergestellt. Diese Einrichtungen sind in einem Wandgehäuse untergebracht und mit einer Schutzkappe versehen.

Das Leitungsnetz

Von der NEHA-Wähleinrichtung führt nur je eine Doppelleitung zu den einzelnen Sprechstellen. Fernsprecher für

---

[1]) Die Baustufe I C 1 wird übergangsweise nur bis zum 1. 4. 1951 für Neuanlagen geliefert. Die Wiederverwendung bleibt zugelassen.

amtsberechtigte Nebenstellen erhalten zusätzlich einen gemeinsamen Erdanschluß für die Erdungstaste.

Abb. 30
NEHA-WÄHLEINRICHTUNG der Baustufe I C₁

Die Sprechstellen

Die Abfragestelle nimmt ankommende Amtsverbindungen entgegen und vermittelt sie den Nebenstellen weiter. Für halb amtsberechtigte Nebenstellen teilt die Abfragestelle auch die abgehenden Amtsverbindungen zu.

Nebenstellen können unterschiedliche Sprechberechtigungen erhalten und werden dementsprechend geschaltet als Voll amtsberechtigte Nebenstellen, deren Teilnehmer sich die Verbindungen zum Amt unmittelbar selbst herstellen,

Abb. 31
Fernsprecher für die Abfragestelle
bzw. für amtsberechtigte
Nebenstellen

Abb. 32
Fernsprecher für eine nicht
amtsberechtigte Nebenstelle

Halb amtsberechtigte Nebenstellen, die Amtsverbindungen nur über die Abfragestelle erhalten und
Nicht amtsberechtigte Nebenstellen von denen aus lediglich Innengespräche geführt werden können.

Die Unterschiede betreffen also allein den Amtsverkehr; hinsichtlich der Innengespräche haben sämtliche Nebenstellen gleiche Verkehrsmöglichkeiten.

Die Sprechstellen werden entsprechend ihrer örtlichen Lage als innenliegende oder außenliegende Nebenstellen bezeichnet.

Die Nebenstellen können je nach Bedarf als außenliegende Nebenstellen angeschlossen werden; sie haben die gleichen Verkehrsmöglichkeiten wie innenliegende Nebenstellen, liegen jedoch nicht auf demselben Grundstück wie die Abfragestelle.

Die Fernsprecher

Für Abfragestelle und amtsberechtigte Nebenstellen werden gleiche Fernsprecher benutzt. Bei Fernsprechern für nicht amtsberechtigte Nebenstellen entfällt die Erdungstaste.

Innenverkehr

Die Verbindung mit einer anderen Sprechstelle der Anlage wird selbsttätig durch Wahl der entsprechenden Rufnummer (1 bis 9 und 0) hergestellt. Der Ruf erfolgt automatisch.

Der rufende Teilnehmer hört das Freizeichen im Takt des Rufs.

Wird an der gewünschten Sprechstelle gerade ein Amtsgespräch geführt, so erhält der Rufende das Besetztzeichen nach der Nummernwahl; bei belegtem Verbindungsweg für Innengespräche ertönt es dagegen sofort nach Abheben des Handapparates. Auch bei belegtem Innenverbindungsweg ist Amtsverkehr jederzeit möglich.

Abgehender Amtsverkehr

Die Bedienungsweise der Abfragestelle unterscheidet sich nicht von der einer Nebenstelle.

Um eine Amtsverbindung herzustellen, wird an der voll amtsberechtigten Nebenstelle nach Abheben des Handapparates die Taste am Fernsprecher gedrückt; dadurch wird die Nebenstelle selbsttätig auf die Amtsleitung geschaltet. Der beim Abheben belegte Verbindungsweg für Innengespräche wird sofort wieder freigegeben. Ist die Amtsleitung frei, so ertönt das Wählzeichen des öffentlichen Amtes (Amtszeichen), und die Rufnummer des Amtsteilnehmers kann gewählt werden. Ist die Amtsleitung besetzt, so erhält der rufende Teilnehmer bei Tastendruck das Besetztzeichen. Die Amtsleitung kann auch erreicht werden, wenn andere Sprechstellen bereits ein Innengespräch führen.

Die Teilnehmer halb amtsberechtigter Nebenstellen rufen die Abfragestelle im ,,Innenverkehr" an und erhalten von dort eine Amtsverbindung zugeteilt.

Bei Anschluß an ein handbedientes Amt ist nach Belegen der Amtsleitung das Melden der Beamtin abzuwarten. Bei OB-Amtsbetrieb ist ein besonderer Anruf zum Amt erforderlich, der mit dem Nummernschalter bewirkt wird.

Ankommender Amtsverkehr

Bei einer ankommenden Amtsverbindung ertönt der Wecker in der Abfragestelle. Nach Abheben des Handapparates wird abgefragt. Soll das Gespräch weitervermittelt werden, so wird die gewünschte Nebenstelle in ,,Rückfrage" (siehe unten) angerufen und dem Teilnehmer das Gespräch angeboten. Dieser kann dann die Amtsverbindung durch Tastendruck übernehmen.

Wird bei der Abfragestelle bereits ein Innengespräch geführt, so kündigt sich eine ankommende Amtsverbindung durch ein Summerzeichen im Rhythmus des Amtsrufes an und kann nach Tastendruck unmittelbar übernommen werden.

Rückfrage

Will ein Teilnehmer während eines Amtsgespräches bei einer anderen Sprechstelle Rückfrage halten, so drückt er kurz die Taste seines Fernsprechers. Dadurch wird die Amtsverbindung abgetrennt, und er kann die gewünschte Rückfrageverbindung durch Nummernwahl herstellen. Das Rückfragegespräch kann vom Amtsteilnehmer nicht mitgehört werden. Nach Beendigung der Rückfrage wird die Amtsverbindung durch erneuten Tastendruck wieder übernommen.

Legt der Teilnehmer nach Beendigung der Rückfrage den Handapparat versehentlich auf, so geht dennoch die Amtsverbindung nicht verloren: Die Amtsverbindung wird gehalten, die Abfragestelle erhält wiederum Weckerzeichen; es wird erneut abgefragt und vermittelt.

Führt der in ,,Rückfrage'' angerufene Teilnehmer bereits ein Innengespräch, so erfolgt Aufschaltung auf diese Verbindung. Um das Gesprächsgeheimnis auch in diesem Falle zu wahren, wird auf das Eintreten durch gedämpftes Besetztzeichen aufmerksam gemacht.

Umlegen einer Amtsverbindung

Soll eine Amtsverbindung zu einer anderen Nebenstelle umgelegt werden, so wird diese in ,,Rückfrage'' angerufen. Es steht im Belieben des angerufenen Teilnehmers, die Amtsverbindung abzulehnen oder sie durch kurzen Druck auf die Taste seines Fernsprechers zu übernehmen. Das Abschieben unerwünschter Gespräche ist somit verhindert. Wird die Übernahme vollzogen, so erhält danach der Rufende das Besetztzeichen und legt auf. Das Umlegen kann beliebig oft wiederholt werden.

Nachtschaltung

Nach Drehen des Nachtschalters werden ankommende Amtsrufe sofort an die als Nachtstelle dienende Nebenstelle durchgeschaltet. Die Nachtstelle unterscheidet sich nicht von anderen Nebenstellen. Ihre Verkehrsmöglichkeiten werden durch die Nachtschaltung in keiner Weise beschränkt.

Wird bei der Nachtstelle gerade ein Gespräch geführt, so kündigt sich eine ankommende Amtsverbindung durch Überlagerung eines Summerzeichens an, das im Rhythmus des Amtsrufs übertragen wird.

Auch für die übrigen Nebenstellen tritt in der Verkehrsabwicklung keinerlei Änderung ein.

Stromversorgung

Zur Stromversorgung wird eine Akkumulatoren-Batterie mit einer Betriebsspannung von 24 V verwendet. Die Anlage kann auch aus dem Starkstrom-Lichtnetz (Wechselstrom 50 Hz/110, 125, 220, 240 V) gespeist werden.

Ausgestaltung der Anlage

Neben den geschilderten Möglichkeiten können besondere Betriebsbedingungen durch Ergänzungsausstattung und durch Zusatzeinrichtungen erfüllt werden.

Ergänzungsausstattung

Selbsttätige Rufweiterschaltung leitet Amtsrufe, die bei der Abfragestelle nicht innerhalb von 25 Sekunden abgefragt werden, selbsttätig an eine bestimmte Nebenstelle (Nachtstelle) weiter; diese ist sofort nach Abheben — also ohne Tastendruck — mit dem Amtsteilnehmer verbunden. Die in Nachtschaltung unmittelbar bei der Nachtstelle ankommenden Amtsrufe werden, wenn dort nicht abgefragt wird, an die Abfragestelle weitergeleitet. Wird auch dort nach weiteren 25 Sekunden nicht geantwortet, so wird der Ruf automatisch stillgesetzt. Hat der Amtsteilnehmer nach Verlauf dieser Zeit noch nicht aufgelegt oder kommt eine neue Amtsverbindung an, so wiederholen sich die oben geschilderten Vorgänge.

Wahlweise Zuordnung der Rufweiterschaltung und der Nachtschaltung kann da vorgesehen werden, wo ein zeitweiliger Wechsel der betreffenden Neben- bzw. Nachtstellen aus betrieblichen Gründen (häufige Abwesenheit, Dienstreisen, Urlaub usw.) notwendig ist.

Mitsprechmöglichkeit gestattet bevorzugten Teilnehmern, nach Tastendruck an Amtsgesprächen anderer Nebenstellen teilzunehmen. Die gleiche Einrichtung kann ebenfalls für Teilnahme an Innengesprächen vorgesehen werden.

Sperreinrichtung hindert die Nebenstellen daran, Verbindungen mit erhöhter Gesprächsgebühr (z. B. Fern-, Netzgruppen- und Schnellverkehr, Zeitansage, Wetterdienst usw.) selbst herzustellen. Derartige Gespräche können dann nur nach Anmeldung bei der Abfragestelle geführt werden.

Zusatzeinrichtungen

Fernsprecher mit Stecker können über Anschlußdosen wahlweise in verschiedenen Räumen benützt werden.

Zweite Sprechapparate sind zusätzliche Fernsprecher, um die einzelne Sprechstellen erweitert werden können. Beide

Fernsprecher haben die gleiche Rufnummer und gelten verkehrsmäßig als eine Sprechstelle.

Zweite Wecker machen die Rufe in Nebenräumen wahrnehmbar.

Zweite Hörer in Dosen- oder Muschelform verbessern
die Verständigung in lärmerfüllten Räumen.

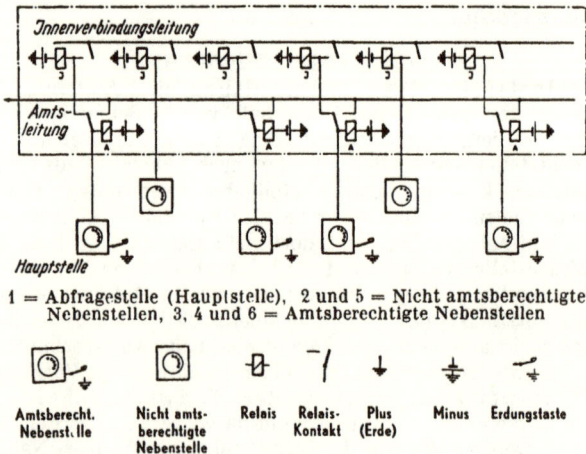

1 = Abfragestelle (Hauptstelle), 2 und 5 = Nicht amtsberechtigte
Nebenstellen, 3, 4 und 6 = Amtsberechtigte Nebenstellen

| Amtsberecht.
Nebenst. lle | Nicht amts-
berechtigte
Nebenstelle | Relais | Relais-
Kontakt | Plus
(Erde) | Minus | Erdungstaste |

Abb. 33
Verkehrsplan

Innenverkehr

Durch Abheben des Handapparates wird der Kontakt des
Relais J geschlossen und damit die rufende Sprechstelle auf
den Innenverbindungsweg geschaltet.

Nach der Nummernwahl wird das Relais J der angerufenen
Sprechstelle betätigt; diese ist dadurch gleichfalls an den
Innenverbindungsweg gelegt, über den dann anschließend
das Gespräch geführt wird.

Abgehender Amtsverkehr

Nach Tastendruck wird die Nebenstelle vom Innenverbindungsweg abgeschaltet und durch die Kontakte des Relais A
an die Amtsleitung gelegt.

Ankommender Amtsverkehr

Der Amtsruf kommt bei der Abfragestelle (Nr. 1) an. Nach Abheben des Handapparates ist die Abfragestelle über die Kontakte des Relais A mit der Amtsleitung verbunden.

Bei der Weitervermittlung wird die Amtsleitung durch Tastendruck abgeschaltet und gehalten. Der Innenverbindungsweg wird bei der Ankündigung der Amtsverbindung nicht benötigt, da hierfür — wie auch für die Rückfrage — der Amtsverbindungsweg benutzt wird.

Kleine Wähl-Anlagen

Fragen und Antworten

F 130: In der Regelausstattung für derartige Anlagen heißt es unter Punkt 8:
„Amtsleitung ohne Sperrung für abgehende Amtsverbindungen beim Einlaufen eines Amtsrufes (für Wiederverwendung auch mit Sperrung zulässig)." Was wird darunter verstanden?

A: Die Schaltung der Vermittlungseinrichtung soll so eingerichtet sein, daß ein ankommender Amtsruf auch von einer Nebenstelle abgefragt werden kann, bei der der Ruf gehört wird. Die Amtsleitung soll also nicht für die Nebenstellen gesperrt werden, wenn ein Amtsruf einläuft.

F 131· Bringt die Sperrung abgehender Amtsverbindungen beim Eintreffen eines Amtsrufes unbedingt Nachteile?

A: Das kann man nicht behaupten. Es gibt Teilnehmer, die eine Sperrung wünschen. Die Sperrung verhindert, daß ein Teilnehmer (z. B. bei einer außenliegenden Neben-

Abb. 34

Anzeigevorrichtung für das Ansprechen von Sicherungen bestehend aus einem abschalt-Wecker und einer Lampe (Sicherungsalarmeinrichtung)

stelle), der gerade ein abgehendes Amtsgespräch führen möchte, einen nicht abgefragten Amtsruf entgegennehmen und weiterleiten muß.

F 132: Wie kann eine Kleine Wählanlage über 10 Sprechstellen hinaus erweitert werden?

A: Eine Erweiterung einer solchen Anlage ist nicht möglich. Es ist aber statthaft, an einzelne Nebenstellen zweite Sprechapparate anzuschließen und auf diese Weise eine vermehrte Sprechmöglichkeit zu schaffen.

F 133: Kannn eine Kleine W-Anlage mit Abfragestelle auch derart an eine andere Nebenstellenanlage angeschlossen werden, daß ihr Anschlußorgan für die Amtsleitung mit einem Anschlußorgan für Nebenstellen der anderen Anlage verbunden wird?

A: Ja, eine derartige Schaltung ist zulässig. Die Kleine Wählanlage wird in diesem Falle zur ,,Zweitnebenstellenanlage". Siehe Seite 28.

F 134: Ist eine Zweitnebenstellenanlage, für die eine Kleine W-Anlage mit Abfragestelle verwendet wird, eine W-Unteranlage?

A: Nein, unter W-Unteranlagen werden Zweitnebenstellenanlagen für Wählbetrieb ohne Abfragestelle verstanden. Siehe Seite 174.

F 135: Sind vom Teilnehmer für die ,,Anzeigevorrichtung für das Ansprechen von Sicherungen" (Abb. 34) Kosten oder Gebühren zu entrichten?

A: Ja, denn diese Einrichtung gehört bei Kleinen W-Anlagen zur Ergänzungsausstattung.

F 136: Was hat sich nach der neuen Fernsprechordnung von 1950 inbezug auf die Baustufe $I C_1$ geändert?

A: Die Wiederverwendung der bisherigen Baustufe $I C_1$ bleibt zugelassen. Ab 1. 4. 1951 wird für Neuanlagen nur noch die Baustufe $I C_2$ geliefert, d. h. bei diesen Anlagen können gleichzeitig zwei Innengespräche geführt werden.

Bedienungsfernsprecher
mit Einstelltastatur für eine Mittlere W-Nebenstellenanlage
(Siemens & Halske Aktiengesellschaft)

Schrankvermittlung für eine W-Anlage mit Amtswahl und Schnurzuteilung
Im Vordergrund: Fernschreiber (aus der Fertigung der Siemens & Halske
Aktiengesellschaft)

Mittlere und Große Wähl-Anlagen

Technische Beschreibung
einer Mittleren W-Anlage mit Amtswahl
und Wählerzuteilung
nach dem Siemens-NEHA-System

Baustufe	Mindestausbau			Endausbau		
	Anschlußorgane für		Innen-verbin-dungs-sätze [1]	Anschlußorgane für		Innen-verbin-dungs-sätze [1]
	Amts-leitungen	Neben-stellen		Amts-leitungen	Neben-stellen	
II A	—	—	—	2	10	2
II B/C	2	15	2	3	25	3
II D	3	25	3	5	25	4

[1]) Die Anzahl der Innenverbindungssätze entspricht der der gleichzeitig möglichen Innengespräche.

Allgemeines

Der Verkehr der Teilnehmer untereinander (Innenverkehr) sowie der abgehende Amtsverkehr werden grundsätzlich selbsttätig ohne Mitwirken einer Vermittlungsperson abgewickelt. Gleiches gilt für den Verkehr über etwa angeschlossene Verbindungsleitungen zu anderen Anlagen (Querverbindungsverkehr). Ankommende Amtsrufe werden an der Abfragestelle entgegengenommen und von dieser aus zu den Nebenstellen weitergeleitet.

Die Wähleinrichtung

Die Wähleinrichtungen (vergl. Abb. 35) der Baustufen II A bis II D werden in folgenden Ausführungen geliefert:
zum Aufhängen an der Wand
    in Wandgehäusen die Baustufen II A bis II D,
    als Wandrahmen die Baustufe II A,
zum Aufstellen und Befestigen an der Wand
    als Wandgestellrahmen die Baustufen II B/C und II D.
Sämtliche Wähleinrichtungen sind mit einer schützenden Metallkappe versehen.

Das Leitungsnetz

Von der NEHA-Wähleinrichtung führt nur je eine Doppelleitung zu den einzelnen Sprechstellen. Fernsprecher für amtsberechtigte Nebenstellen erhalten zusätzlich einen gemeinsamen Erdanschluß für die Erdungstaste.

Die Sprechstellen

Abfragestelle

Die Wähltechnik gestattet es, den weitaus größten Teil der für die Bedienung der Anlage erforderlichen Schaltmittel mit ihren zahlreichen Kontakten aus der Abfragestelle in die Wähleinrichtung zu verlegen. Aus diesem Grund besteht die Abfragestelle lediglich aus einem Bedienungsfernsprecher, der mit einfachen und für Störungen nicht anfälligen Tasten ausgerüstet ist (s. Abb. 36 u. Abb. 5 S. 26).

Nummernschalter, Druck- und Drehtasten sowie Anruf- und Besetztlampen sind auf einem übersichtlichen Bedienungsfeld in zweckvollem Aufbau angeordnet. So sind trotz der vielseitigen Verkehrsmöglichkeiten die Handgriffe für die Bedienung auf ein Mindestmaß beschränkt. Beispielsweise genügt ein kurzer Druck auf eine Taste, um die Sprechverbindung mit einem anrufenden Teilnehmer aufzunehmen. Ebenso kann, wenn nötig, bei Weitervermittlung von Amtsverbindungen durch Tastendruck der jeweils aufgebaute Verbindungsabschnitt jederzeit wieder getrennt werden.

Nebenstellen

Als Sprechstellen können an die Anlage angeschlossen werden:

Voll amtsberechtigte Nebenstellen, deren Teilnehmer sich die Verbindungen zum Amt unmittelbar selbst herstellen,

Abb. 35
NEHA-Wandgestellrahmen
Baustufe II D

Halb amtsberechtigte Nebenstellen, die Amtsverbindungen nur über die Abfragestelle erhalten und

Nicht amtsberechtigte Nebenstellen, von denen aus lediglich Innengespräche geführt werden können.

Die Unterschiede betreffen also allein den Amtsverkehr; hinsichtlich der Innengespräche haben sämtliche Nebenstellen gleiche Verkehrsmöglichkeiten.

Die Fernsprecher von amtsberechtigten und nicht amtsberechtigten Nebenstellen unterscheiden sich nur durch eine Taste, mit der die Fernsprecher der amtsberechtigten Nebenstellen zusätzlich ausgerüstet sind.

Die Siemens-NEHA-Anlagen sind so eingerichtet, daß die Berechtigung der Sprechstellen hinsichtlich des Amtsverkehrs

Abb. 36
Bedienungsfernsprecher für NEHA-WÄHLANLAGEN
zu 5 Amtsleitungen und 25 Nebenstellen

jederzeit durch einfaches Umlegen von Drahtbrücken, bzw. durch Einsetzen einer Erdungstaste bei amtsberechtigten Nebenstellen (für Rückfragen usw.) geändert werden kann. Es läßt sich also jede der drei oben aufgeführten Berechtigungsarten in eine andere umwandeln.

Nach ihrer Lage werden innenliegende und außenliegende Nebenstellen unterschieden.

Außenliegende Nebenstellen befinden sich nicht auf demselben Grundstück wie die Abfragestelle der Anlage. Sie können bei Bedarf angeschlossen werden. Die Teilnehmer haben die gleichen Verkehrsmöglichkeiten wie die der innenliegenden Nebenstellen.

Innenverkehr

Der Verkehr der Teilnehmer untereinander wird selbsttätig abgewickelt. Nach Abheben des Handapparates ertönt das Wählzeichen (Morse s) im Hörer. Die Rufnummer des gewünschten Teilnehmers wird gewählt. Ist der Anschluß frei, so erhält der Rufende das Freizeichen, das alle 5 Sekunden im Takt des abgehenden Rufes zurückgegeben wird.

Ist der gewählte Anschluß besetzt, so fällt die aufgebaute Verbindung sofort zusammen; der belegte Innenverbindungsweg wird dadurch wieder frei, und der Rufende erhält das Besetztzeichen.

Abgehender Amtsverkehr

Von den voll amtsberechtigten Nebenstellen aus wird eine freie Amtsleitung selbsttätig durch Wählen einer Kennziffer (Kennziffer 2) belegt. Danach wird der im Innenverkehr benutzte Verbindungsweg sofort wieder frei. Freie Amtsleitungen können jederzeit erreicht werden, auch wenn alle Verbindungswege für den Innenverkehr belegt sind. In diesem Fall übernimmt eine Hilfseinrichtung (Hilfsverbindungssatz) die Zuteilung. Ist der Teilnehmer auf eine freie Amtsleitung geschaltet, so erhält er das Wählzeichen des öffentlichen Amtes und kann nun den Teilnehmeranschluß selbst wählen[1]).

Sind alle Amtsleitungen besetzt, so ertönt nach Wahl der Kennziffer das Besetztzeichen.

Halb amtsberechtigte Nebenstellen erhalten ihre Verbindungen zum Amt über die Abfragestelle. Diese wird im Innenverkehr angerufen. Die Bedienungsperson teilt durch kurzen Druck auf die T-Taste eine freie Amtsleitung zu; hierdurch wird der vorher benutzte Innenverbindungsweg sofort wieder frei. Selbstverständlich kann auch das Wählen des Amtsanschlusses der Bedienungsperson übertragen werden.

Ankommender Amtsverkehr

Abfragen und Vermitteln

Kommt ein Amtsruf an, so leuchtet an der Abfragestelle die zugehörige Anruflampe auf. Gleichzeitig ertönt ein Weckerzeichen (abschaltbar). Ein kurzer Druck auf die Abfragetaste (A-Taste) stellt die Verbindung zum anrufenden Teilnehmer her. Die Weitervermittlung des Rufes geschieht durch Drücken der gemeinsamen Verbindungstaste (V-Taste) und Wählen des gewünschten Nebenstellenteilnehmers.

---

[1]) Bei Anschluß an ein Amt mit handbedienter Vermittlung ist abzuwarten, bis die Bedienungsperson sich meldet, und dann die Rufnummer des Amtsteilnehmers anzugeben.

Wartestellung

Das Melden des Teilnehmers braucht nicht abgewartet zu werden, da die Amtsverbindung nun selbsttätig auf „Warten" geschaltet und damit gehalten wird.

Überwachen der Amtsverbindungen

Ist der Teilnehmer frei, so erlischt die Überwachungslampe (ÜL) alle 5 Sekunden (im Ruf-Rhythmus). Die Bedienungsperson erkennt hieran, daß der Teilnehmer gerufen wird. Hat dieser sich gemeldet, leuchtet die Überwachungslampe wieder ruhig. Die Amtsverbindung kann dem gewünschten Teilnehmer auch vorher angeboten werden, ohne daß der Amtsteilnehmer mithören kann.

Ist die gerufene Nebenstelle besetzt, so flackert die Überwachungslampe im Ein-Sekunden-Rhythmus (Besetztzeichen-Rhythmus). Die Verbindung bleibt auch in diesem Falle weiter in Wartestellung. Hat der gerufene Nebenstellenteilnehmer sein Gespräch beendet und den Handapparat aufgelegt, so setzt sofort der Ruf selbsttätig ein. Wird daraufhin der Handapparat abgehoben, so ist die Verbindung mit dem Amtsteilnehmer hergestellt.

Die Bedienung kann dem Amtsteilnehmer jedoch auch mitteilen, daß der gewünschte Nebenstellenanschluß besetzt ist.

Aufschalten

Führt der gewünschte Nebenstellenteilnehmer ein Gespräch, und will der Amtsteilnehmer nicht warten, bis dieses beendet ist, so kann sich die Vermittlungsperson durch dauernden Tastendruck (V-Taste) auf das Gespräch aufschalten und die Amtsverbindung anbieten. Dabei kann der Amtsteilnehmer nicht mithören. Die Gesprächspartner erhalten als Aufschaltesignal ein Tickerzeichen, um zu verhindern, daß die Bedienungsperson unbemerkt in das Gespräch eintritt.

Halten einer Amtsverbindung vor Weitervermittlung

Kann eine Amtsverbindung nicht sofort weitervermittelt werden — beispielsweise, wenn vorher andere Anrufe abzufragen sind — so wird die K-Taste gedreht und damit die Amtsverbindung gehalten. Wird die Weitervermittlung nicht innerhalb von 20 bis 30 Sekunden vorgenommen, so flackert die Anruflampe (AL) der betreffenden Amtsleitung als Erinnerungszeichen, damit die Weitervermittlung der Amtsverbindung nicht vergessen werden kann.

Auf Wunsch lassen sich die Drehtasten (K) so schalten, daß sie für Kettengespräche Verwendung finden können (siehe Ergänzungsausstattung).

Rückfrage

Will ein Teilnehmer während eines Amtsgesprächs bei einer anderen Sprechstelle Rückfrage halten, so drückt er kurz die Taste seines Fernsprechers. Dadurch wird die Amtsverbindung abgetrennt, und der Teilnehmer kann durch Nummernwahl die gewünschte Rückfrageverbindung auf der gleichen Leitung herstellen, über die er vorher das Amtsgespräch geführt hat. Das Rückfragegespräch kann vom Amtsteilnehmer nicht mitgehört werden. Nach Beendigung der Rückfrage genügt gleichfalls ein kurzer Tastendruck, um die Amtsverbindung wieder zu übernehmen.

Bleibt der in Rückfrage angerufene Teilnehmer auf Verabredung am Fernsprecher, so kann beliebig oft zwischen dem Amts- und dem Rückfragegespräch gewechselt werden. Hierzu ist keine Neuwahl, sondern nur jeweils ein Drücken der Erdungstaste erforderlich.

Während einer Amtsverbindung können Rückfragegespräche nicht nur im Innenverkehr, sondern auch über eine zweite Amtsleitung geführt werden. Zur Herstellung dieser Verbindungen wird nach kurzem Druck auf die Erdungstaste die Amtskennziffer 2 gewählt.

Legt der Teilnehmer, der ein Rückfragegespräch veranlaßt hat, nach dessen Beendigung versehentlich den Handapparat auf, so wird trotzdem die bestehende Amtsverbindung nicht getrennt. Es findet selbsttätig sofort eine neuer Anruf bei der Abfragestelle statt, so daß von dort die Verbindung mit dem wartenden Amtsteilnehmer erneut hergestellt werden kann.

Umlegen (Weitergabe) einer Amtsverbindung

Amtsverbindungen können sowohl von den Nebenstellenteilnehmern selbst wie auch über die Abfragestelle umgelegt werden.

Umlegen durch den Nebenstellenteilnehmer

Der gewünschte Nebenstellenteilnehmer wird in ,,Rückfrage'' angerufen und die Amtsverbindung angeboten. Es steht im Belieben des Angerufenen, die Amtsverbindung abzulehnen oder sie durch kurzen Druck auf die Erdungstaste seines Fernsprechers zu übernehmen. Das Abschieben unerwünschter Gespräche ist somit verhindert. Wird die Übernahme vollzogen, so erhält der Rufende das Besetztzeichen und legt auf. Das Umlegen kann beliebig oft wiederholt werden.

Umlegen über die Abfragestelle

Nach einem längeren Tastendruck an der Nebenstelle meldet sich die Bedienungsperson der Abfragestelle, die in die Amtsverbindung eingetreten ist. Sie wird aufgefordert, die Weitervermittlung durchzuführen. Die Vermittlungsperson trennt nun die bestehende Verbindung durch Drücken der Trenntaste und vermittelt erneut weiter, wie vorher beschrieben.

Einzel-Nachtschaltung

Diese Einrichtung kommt nach Betriebsschluß oder in Pausen zur Anwendung und wird nach Betätigen der für alle Amtsleitungen gemeinsamen Drehtaste N durch die Bedienungsperson wirksam (siehe auch Abb. 5 Seite 26).

Die Amtsrufe über die einzelnen Amtsleitungen werden dadurch direkt zu je einer Nebenstelle (Nacht-Nebenstelle) geleitet. Jede beliebige Nebenstelle läßt sich durch entsprechende Schaltung als Nacht-Nebenstelle einrichten. Die Nacht-Nebenstellen sind mit den gleichen Fernsprechern ausgestattet wie die anderen Nebenstellen. Ihre Verkehrsmöglichkeiten werden durch die Nachtschaltung in keiner Weise beschränkt. Wird an der Nacht-Nebenstelle bereits ein Gespräch geführt, so wird ein ankommender Amtsruf durch Summerzeichen angekündigt, das dem Gespräch überlagert und im Rhythmus des Amtsrufes übertragen wird.

Auch für die übrigen Nebenstellen tritt durch die Nachtschaltung in der Verkehrsabwicklung keinerlei Änderung ein.

Weitere Ausführungsmöglichkeiten der Nachtschaltung sind unter Abschnitt „Ergänzungsausstattung" beschrieben.

Besondere Betriebsvorteile

Zur Steigerung der Betriebsgüte wurden die Schaltungen des NEHA-Systems so entwickelt, daß die Auswirkung jeder unnötigen Belegung von Verbindungswegen auf ein Mindestmaß beschränkt bleibt. Wählt beispielsweise ein Teilnehmer nicht innerhalb von 20 Sekunden nach Abheben des Handapparates, oder tritt ein Leitungsschluß auf, so wird der dadurch belegte Innenverbindungsweg selbsttätig wieder freigegeben. Ebenso wird der Innenverbindungsweg sofort wieder frei, wenn der im Innenverkehr gewählte Teilnehmeranschluß besetzt ist. Fehler oder Nachlässigkeiten der Teilnehmer oder Störungen in Teilnehmerleitungen setzen daher die Gesprächsmöglichkeiten der anderen Teilnehmer nicht herab.

Sperrung von Amtsleitungen für abgehenden Verkehr

Jede Amtsleitung kann für abgehende Verbindungen mit Hilfe der im Wählergestell befindlichen Sperrtaste gesperrt werden; es ist dadurch möglich, gestörte Amtsleitungen für die Dauer der Störung vom abgehenden Verkehr auszuschließen.

Stromversorgung

Die Betriebsspannung der Anlage beträgt 24 Volt. Die Speisung kann auf folgende Arten vorgenommen werden:
1. Durch eine Akkumulatoren-Batterie in Verbindung mit einem Ladegerät für selbsttätige Pufferung oder
2. durch 2 Batterien mit einem Ladegerät zum wechselseitigen Laden und Entladen.

Ergänzungsausstattung

Über die bisher beschriebenen Verkehrsmöglichkeiten hinaus kann besonderen Betriebsbedingungen durch weitere Ausgestaltung der Anlage entsprochen werden.

Selbsttätige Rufweiterschaltung

Amtsrufe, die nach etwa 25 Sekunden bei der Abfragestelle nicht abgefragt sind, werden selbsttätig zu einer bestimmten Nebenstelle weitergeleitet. In der Regel wird hierfür die Nachtnebenstelle vorgesehen.

Die selbsttätige Rufweiterschaltung kann auch für Nebenstellen eingerichtet werden; sämtliche bei einer solchen Nebenstelle ankommenden Rufe werden dann, sofern nicht abgefragt wird, selbsttätig zu einer bestimmten anderen Nebenstelle weitergeleitet.

Einrichtung zum Führen von Kettengesprächen

Äußert ein anrufender Amtsteilnehmer den Wunsch, verschiedene Nebenstellenteilnehmer nacheinander zu sprechen, so ist am Bedienungsfernsprecher die Taste K zu drehen. Dadurch wird verhindert, daß nach jeder Gesprächsbeendigung durch Auflegen des Handapparates an der Nebenstelle die Amtsverbindung getrennt wird. Die Bedienungsperson erhält jeweils erneut das Rufzeichen an der betreffenden Amtsleitung und stellt nach Abfragen die nächste Verbindung her.

Nach Vermittlung des letzten Gesprächs wird die Drehtaste wieder in die Ruhestellung gebracht.

Sammel-Nachtschaltung (General-Nachtschaltung)

Zusätzlich zur Einzel-Nachtschaltung (Taste N) läßt sich auch eine Einrichtung einbauen, die die Amtsrufe mehrerer oder aller Amtsleitungen zu einer bestimmten Nebenstelle (Nachtvermittlungsstelle) weiterleitet. Diese Einrichtung wird als Sammel-Nachtschaltung (General-Nachtschaltung) bezeichnet. Sie wird durch Drehen der Taste GN am Bedienungsfernsprecher eingeschaltet. Wird unter Verzicht auf Einzel-Nachtschaltung allein Sammel-Nachtschaltung gewünscht, so kann für diese die vorhandene Taste N verwendet werden.

Treffen gleichzeitig mehrere Amtsrufe ein, so werden sie gespeichert und können nacheinander abgefragt werden. Wird von der Nachtvermittlungsstelle aus bereits ein Gespräch geführt, während ein Amtsruf eintrifft, so wird dieser durch ein Summerzeichen angekündigt, das dem Gespräch überlagert wird. Die Nachtvermittlungsstelle erhält den gleichen Fernsprecher wie die übrigen Nebenstellen. Alle Aufgaben können dort erledigt werden. Ruft die Nachtvermittlung eine Nebenstelle „in Rückfrage" an, und ist diese durch ein Innengespräch besetzt, so erfolgt selbsttätige Aufschaltung, die allen Gesprächspartnern durch Tickerzeichen angekündigt wird (siehe „Aufschalten").

Es ist weiterhin möglich, einen Teil der Amtsleitungen in „Sammel-Nachtschaltung" einer Nachtvermittlungsstelle zuzuleiten, während die restlichen Amtsleitungen in Einzel-Nachtschaltung auf verschiedene Nebenstellen verteilt werden.

Ferner lassen sich auf Wunsch zusätzlich Schalter vorsehen, mit denen die Sammel-Nachtschaltung bzw. die Einzel-Nachtschaltung wahlweise anderen Nebenstellen zugeordnet werden kann oder andere Kombinationen ermöglicht werden.

Sperreinrichtung für bestimmte Verbindungen

Durch diese Einrichtung werden die Nebenstellenteilnehmer daran gehindert, Verbindungen mit erhöhter Gesprächsgebühr (z. B. Fern-, Netzgruppen- und Schnellverkehr, Zeitansage, Wetterdienst usw.) selbst herzustellen. Derartige Gespräche können dann nur nach Anmeldung bei der Abfragestelle geführt werden.

Weitere Ergänzungsausstattungen

Mithör-Fernsprecher — Vorgeschaltete Reihenapparate für leitende Personen — Direktions- und Sekretär-Anlagen —

Ferndiktiereinrichtungen — Konferenzanlagen — Personensucheinrichtungen — Querverbindungen zu anderen Nebenstellenanlagen — u. a. m.

Zusatzeinrichtungen

Fernsprecher mit Stecker
können wahlweise über Anschlußdosen in verschiedenen
Räumen benutzt werden.

Zweite Sprechapparate
sind zusätzliche Fernsprecher, um die einzelne Sprechstellen
erweitert werden können. Beide Fernsprecher haben die
gleiche Rufnummer und gelten verkehrsmäßig als eine
Sprechstelle.

Zweite Wecker
machen die Rufe in Nebenräumen wahrnehmbar.

Zweite Hörer
in Dosen- oder Muschelform verbessern die Verständigung
in geräuschvollen Räumen.

Unterschiedliche Ausführungen
von Wähl-Anlagen mit Amtswahl
im Rahmen der Regelausstattung

Abgesehen von den Ausbaumöglichkeiten der W-Anlagen
mit Amtswahl können diese nach den betreffenden Regelausstattungen geliefert werden,

a) als Anlagen, bei denen die *ankommenden* Amtsverbindungen von der Abfragestelle über Wähler aufgebaut
   werden, (Anlagen mit Wählerzuteilung, Abb. 37),

b) als Anlagen, bei denen die *ankommenden* Amtsverbindungen von der Abfragestelle über Schnüre oder andere
   handbediente Schaltmittel aufgebaut werden, (Anlagen mit
   Schnurzuteilung, Abb. 38).

Im Falle a) sagt man, der ankommende Amtsverkehr wird
halb selbsttätig vermittelt, während man im Falle b) von
einer handbedienten Vermittlung des ankommenden Amtsverkehrs spricht. Danach werden sich auch schon äußerlich
beide Hauptstellen (das sind die Vermittlungseinrichtungen
und die Abfragestellen) unterscheiden.

Bei halb selbsttätiger Vermittlung der ankommenden Amtsverbindungen werden diese den gewünschten Teilnehmern mittels Nummernschalter, Nummerntastatur oder

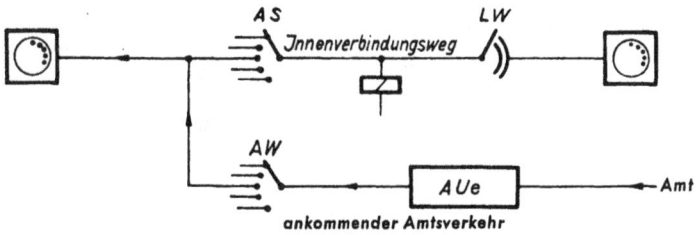

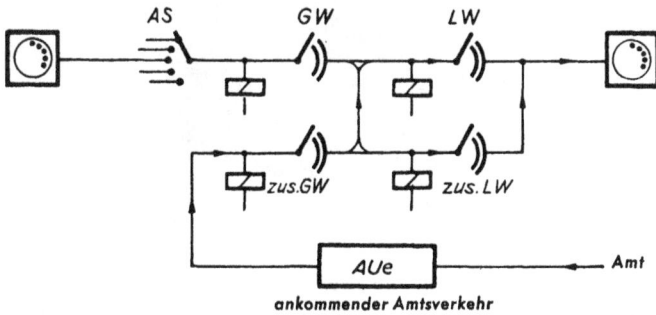

Abb. 37

Nebenstellenanlagen mit Wählerzuteilung für den ankommenden Amtsverkehr

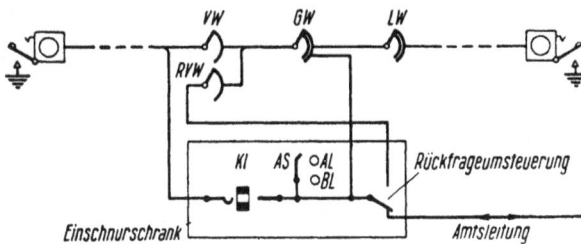

Abb. 38

Nebenstellenanlage mit Schnurvermittlungsschrank für den ankommenden Amtsverkehr bei selbsttätigem abgehendem Amtsverkehr Amtsverkehr und selbsttätigem Innenverkehr

AL = Anruflampe   BL = Belegtlampe
AS = Abfrageschalter   KI = Teilnehmerklinke
RVW = Rückfragevorwähler

123

Zahlengeber zugeteilt. Die Abfragestelle besteht in diesem Fall aus einem Bedienungsfernsprecher (z. B. Abb. 39) oder aus einem bzw. mehreren Bedienungstischen (Abb. 54, Seite 146), die getrennt von der Wähleinrichtung erstellt werden.

Bei **handbedienter Vermittlung** findet die Zuteilung der ankommenden Amtsverbindungen durch Schnurstöpsel statt, die in die Klinken der gewünschten Teilnehmer einge-

Abb. 39

Bedienungsfernsprecher mit Nummerntastatur für die Zuteilung ankommender Amtsverbindungen über Wähler für SIEMENS-NEHA-WÄHLANLAGEN zu 10 Amtsleitungen aus 100 Nebenstellen

führt werden, oder es werden andere handbediente Schaltmittel, z. B. Kippschalter oder Drucktasten verwendet. Die Vermittlungseinrichtung einer derartigen Anlage besteht aus einem Schrank (Abb. 40/41) bzw. mehreren Schränken und einer hiervon getrennten Wähleinrichtung (vergl. Abb. 42).

Die unterschiedlichen Möglichkeiten für den Aufbau und für die Abwicklung des *abgehenden* Amtsverkehrs werden in den nachstehenden Abschnitten „Die Amtswahl" und „Verbindungswege für den Amtsverkehr" behandelt.

Die Amtswahl

Bei der Belegung von Amtsleitungen im abgehenden Verkehr werden von der deutschen Fernsprechindustrie zwei unterschiedliche technische Lösungen angewendet, nämlich

a) die Kennzahlwahl (auch Kennzifferwahl genannt),

b) die Tastenwahl.

Bei der Kennzahlwahl hat ein Teilnehmer, der ein Amtsgespräch in abgehender Richtung führen will, eine meistens

Abb. 40/41
SIEMENS-SCHRANK-VERMITTLUNGSEINRICHTUNG
Zuteilung ankommender Amtsverbindungen über Einschnurstöpsel

einstellige Zahl, z. B. 2 oder 0 zu wählen, während bei der
Tastenwahl, nachdem der Handapparat abgenommen wurde,
lie an jedem voll amtsberechtigten Fernsprecher vorhandene
Erdungstaste kurzzeitig herunterzudrücken ist.

In einem Aufsatz von B. Petzold „Die Betriebsverhältnisse
in den Nebenstellenanlagen mit Wählbetrieb der Deutschen
Reichspost" ist zu der Frage Tasten- oder Kennzahlwahl
wie folgt Stellung genommen (Telegraphen-, Fernsprech- und
Funktechnik, Jahrgang 1937, Heft 1—4):

II. Die Entwicklung der neueren Anlagen

Bei der Entwicklung war zu prüfen, ob die abgehenden Amtsverbindungen durch Drücken der Erdungstaste bei den Nebenstellen oder
durch Wählen einer Ziffer hergestellt werden sollten. Für die erste Art
sprach die Einfachheit der Bedienung. Für die Verwendung der Ziffern-
wahl sprach dagegen folgendes:

Die Bedienung wird einheitlicher, wenn die Amtsverbindungen ebenso
wie die Innenverbindungen durch Wählen zustande kommen. Die Verwendung der Erdungstaste bei den Nebenstellen wird auf die Schalt-
zwecke nach dem Zustandekommen einer Amtsverbindung beschränkt
Sind mehrere Gruppen von Amtsleitungen vorhanden, die nach verschiedenen Richtungen führen, so kann jeder Gruppe eine Ziffer zugeteilt werden, ohne daß dadurch an der Bedienung der Anlage grundsätzlich etwas geändert wird, während bei dem anderen Verfahren die
eine Gruppe der Amtsleitungen durch Drücken der Erdungstaste zu
erreichen ist und die anderen Gruppen doch durch Wählen einer Ziffer
oder einer mehrstelligen Nummer erreicht werden müssen."

Zusammenfassend ergibt sich hieraus folgendes:

In Anlagen, bei denen die Amtsbelegung durch „Tastenwahl" vorgenommen wird, wird zwar für den Aufbau der
Amtsverbindung in der Regel nur ein einfacher Handgriff
benötigt, es treten aber auch einige betriebliche Nachteile
auf, die bei der Beurteilung dieses Prinzips nicht außer acht
gelassen werden dürfen.

a) Die Einheitlichkeit der Bedienung ist nicht gewahrt, d. h.
es kann nicht immer der Tastendruck zur Belegung einer
Amtsleitung angewandt werden, so z. B. nicht, wenn Rückfrage über eine andere Amtsleitung gehalten werden soll;
denn der Teilnehmer muß nach dem Tastendruck zur Einleitung der Rückfrage doch eine Kennzahl wählen. (Es ist
auch eine technische Lösung möglich, bei der zwecks Rückfrage über eine andere Amtsleitung die Erdungstaste
mehrfach zu drücken ist. Man kann dann allerdings nicht
mehr von „einfacher Bedienung" sprechen). Wohl kaum
wird bei Anlagen mit Tastenwahl die Kennzahl für Rückfragen über eine andere Amtsleitung dem Teilnehmer stets
so geläufig sein wie die bei der Kennzahlwahl ständig
benutzte einheitliche Amtskennzahl.

b) Sind in einer Anlage Amtsleitungen vorhanden, die nach
verschiedenen Vermittlungsstellen (verschiedenen Ämtern)

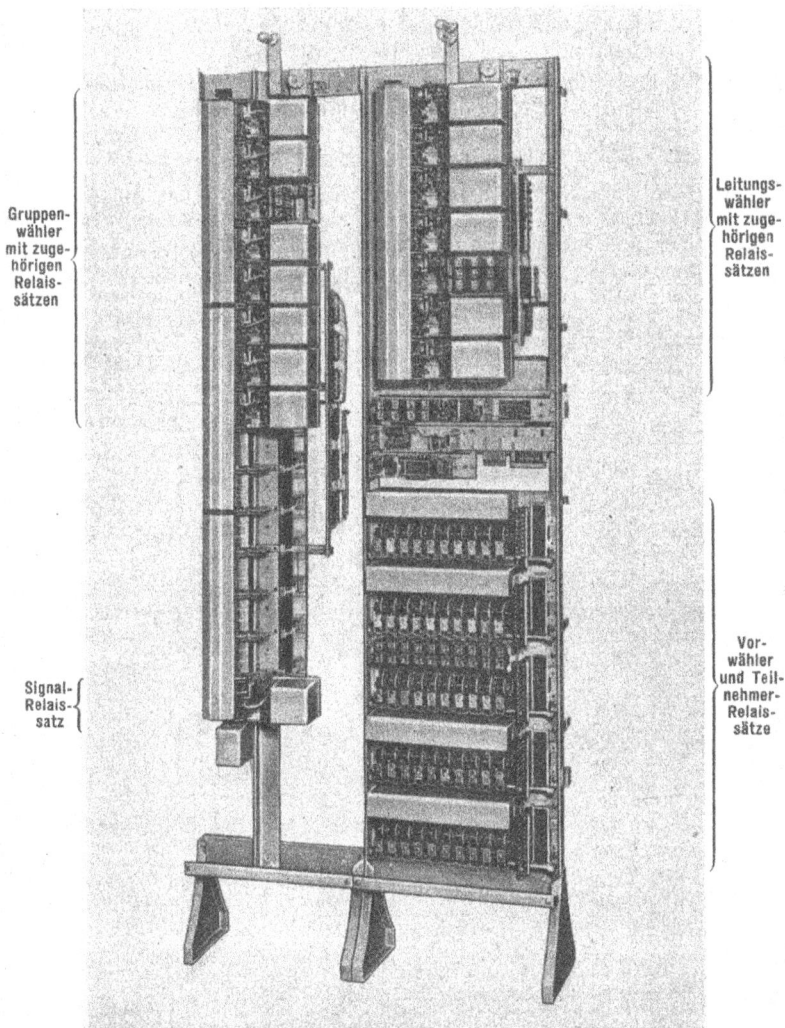

Gruppen-
wähler
mit zuge-
hörigen
Relais-
sätzen

Leitungs-
wähler
mit zuge-
hörigen
Relais-
sätzen

Signal-
Relais-
satz

Vor-
wähler
und Teil-
nehmer-
Relais-
sätze

Abb. 42

Wähleinrichtung für Nebenstellenanlagen, bei
denen die ankommenden Amtsverbindungen über
Schnüre aufgebaut werden

führen, so muß eine Amtsleitungsgruppe durch Tastendruck, die anderen dagegen doch mittels Kennzahl belegt
werden.

c) Punkt b) gilt auch für Anlagen, bei denen Querverbindungen auf Anschlußorganen für Amtsleitungen liegen.

Verbindungswege für den Amtsverkehr

Weitere Unterschiede sind bei der Abwicklung des Amtsverkehrs anzutreffen. So kann z. B. der Amtsverkehr über die
gleichen Verbindungssätze abgewickelt werden, die dem
Innenverkehr dienen (Abb. 43), oder es können für den Amts-

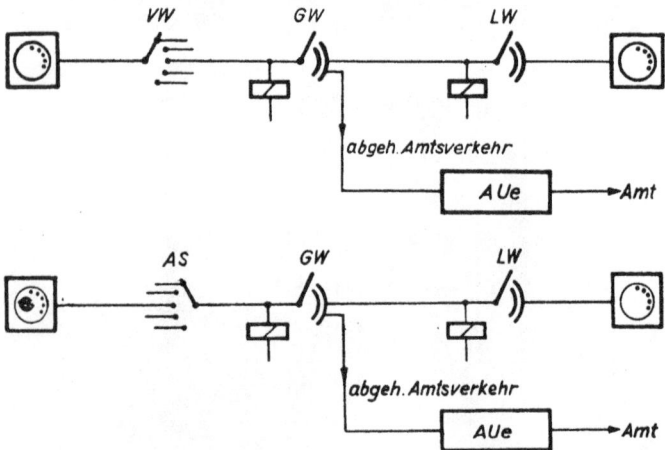

Abb. 43

verkehr besondere Wähler, Amtswähler genannt, vorgesehen
werden (Abb. 44).

Was besagt nun die Fernsprechordnung? In der Beilage 4
zur Fernsprechordnung „Regel- und Ergänzungsausstattung für große W-Anlagen mit Amtswahl" heißt es:

„Die Zahl der Verbindungssätze ist so zu bemessen, daß gleichzeitig
mindestens geführt werden können: Abgehende Amtsgespräche auf
allen nur für sie vorgesehenen Amtsleitungen und auf der Hälfte der
Zahl der doppeltgerichteten Amtsleitungen, ankommende Amtsgespräche auf allen nur für sie vorgesehenen Amtsleitungen und auf der
Hälfte der Zahl der doppeltgerichteten Amtsleitungen, 10 vH Innengespräche bei Anlagen bis zu 100 eingebauten Anschlußorganen für
Nebenstellen. 8 vH Innengespräche bei größeren Anlagen, bezogen auf
die Zahl der eingebauten Anschlußorgane für Nebenstellen, mindestens
10 Sätze."

Vermittlungsplatz mit Zahlengeber für W-Nebenstellenanlage Baustufe 111 W
(Siemens & Halske Aktiengesellschaft)

Fernsprechvermittlungsplätze mit Zahlengeber einer Großen W-Nebenstellenanlage mit Amtswahl und Wählerzuteilung (Siemens & Halske Aktiengesellschaft)

Hiernach ist es den Lieferfirmen freigestellt, welches Prinzip sie anwenden wollen. Es wird nur verlangt, daß der in der Vorschrift genannte Amtsverkehr neben einem 10 bzw. 8 prozentigen Innenverkehr abgewickelt werden kann. Ob dies über Innenverbindungssätze bzw. Teile von Innenverbindungssätzen oder über besondere Amtswähler geschieht, wird anheimgestellt.

A. Innenverbindungssätze für den Amtsverkehr

Sollen Innenverbindungssätze für den Amtsverkehr benutzt werden, so ist in großen W-Anlagen für max. 1000 Teilnehmer nach dem Vorwählerprinzip entsprechend

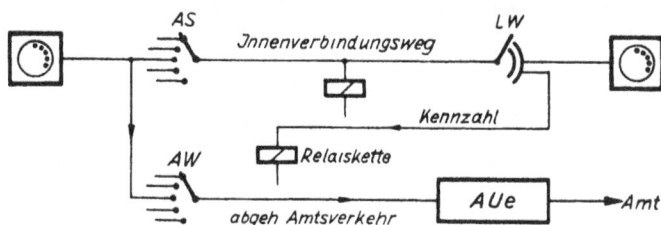

Abb. 44

der Regelausstattung für jede abgehendgerichtete Amtsleitung zusätzlich ein Gruppenwähler vorzusehen (beim Anrufsucherprinzip kommt noch für jede dieser Amtsleitungen ein Anrufsucher hinzu).

Für die Hälfte der Zahl der doppeltgerichteten Amtsleitungen ist für den abgehenden Verkehr genau so zu verfahren. (Die Fernsprechordnung legt hierbei nur die Hälfte der Zahl der Amtsleitungen zugrunde, weil anzunehmen ist, daß auf den doppeltgerichteten Amtsleitungen 50% abgehende und 50% ankommende Gespräche geführt werden.)

Für die ankommendgerichteten Amtsleitungen ist für jede Amtsleitung ein Gruppenwähler und ein Leitungswähler einzubauen, damit die ankommenden Amtsverbindungen abgesetzt werden können (Abb. 37).

Entsprechend ist durch zusätzliche Gruppen- und Leitungswähler dafür Sorge zu tragen, daß auf den restlichen 50% der doppeltgerichteten Amtsleitungen ankommende Amtsverbindungen abgesetzt werden können.

Aus Vorstehendem geht hervor, daß für abgehendgerichtete Amtsleitungen keine Leitungswähler und für ankommendgerichtete Amtsleitungen keine Anrufsucher zusätzlich benötigt werden, so daß für diese Amtsleitungsgruppen an sich keine kompletten Innenverbindungssätze hinzukommen; denn ein Innenverbindungsatz besteht in Anlagen für 1000 Teilnehmer aus einem Gruppenwähler und einem Leitungswähler, beim Anrufsucher-Prinzip aus einem Anrufsucher, einem Gruppenwähler und einem Leitungswähler.

Komplette Verbindungssätze für den Amtsverkehr ergeben sich aber zufällig bei Anlagen, in denen sowohl abgehend- als auch ankommendgerichtete Amtsleitungen vorhanden sind und bei den doppeltgerichteten Amtsleitungen aus den für den Amtsverkehr zusätzlich vorgesehenen Wählern (GW und LW). Die Annahme, daß man die Zahl der Innenverbindungssätze reichlicher als sonst bemessen müsse, ist irrig. Die eigentlichen Verbindungssätze für den Innenverkehr (10% bzw. 8% der Anzahl der eingebauten Anschlußorgane für Nebenstellen) werden dem Teilnehmer in Rechnung gestellt, während die zusätzlichen GW und LW, die der Abwicklung des Amtsverkehrs dienen, ebenso wie die im anderen Falle erforderlichen „Amtswähler" (AW) nicht besonders berechnet werden.

Würde man für den Amtsverkehr nicht diese zusätzlichen Wähler vorsehen, so könnte es bei starkem Verkehr natürlich zu einer gegenseitigen Beeinträchtigung zwischen dem Innenverkehr und dem Amtsverkehr kommen.

Die Abwicklung des Amtsverkehrs über die Innenverbindungssätze bietet jedoch Vorteile. Die für den Amtsverkehr zusätzlich erforderlichen Gruppenwähler und Leitungswähler — beim Anrufsucher-Prinzip auch noch die Anrufsucher — ergeben zum Teil, wie bereits erwähnt, eine Anzahl von kompletten Verbindungssätzen, die sich in keiner Weise von den für den Innenverkehr vorgesehenen unterscheiden. Sie stehen ohne weiteres auch dem Innenverkehr zur Verfügung, so daß mit ihrer Hilfe Verkehrsspitzen bewältigt werden können, für die die eigentlichen Innenverbindungssätze nicht mehr ausreichen würden. Dies ist unstreitig ein Vorzug. Um h t črn'n natürlich die ursprünglichen Innenverbindungssätze etwaige Verkehrsspitzen des Amtsverkehrs aufnehmen. Die beiden Verkehrsspitzen fallen normalerweise zeitlich nicht zusammen; entweder weist der Amtsverkehr oder der Innenverkehr eine Spitze auf, so daß eine derartige gegenseitige Wähleraushilfe doppelt wirksam ist.

Es ist wohl selbstverständlich, daß diese gegenseitige Aushilfe der Wähler irgendwo ihre Grenze findet, und selbst der Laie wird hierbei nicht Leistungen voraussetzen, die ins Unermeßliche gehen und jeder praktischen Bedeutung entbehren.

Man wird beim Wählverkehr auch nicht eine unbegrenzte Verbindungsmöglichkeit erwarten, z. B. nicht, daß von 100 Teilnehmern alle gleichzeitig, also 50 Teilnehmer mit den restlichen 50 sprechen wollen. Eine 10 prozentige Verbindungsmöglichkeit reicht erfahrungsgemäß im allgemeinen aus, d. h. es können hierbei gleichzeitig 10 von je 100 Teilnehmern mit ihren Partnern sprechen.

Eine Privatfernmeldeanlage für 20 Sprechstellen mit 4 Innenverbindungssätzen hätte demnach sogar eine 20 prozentige Verbindungsmöglichkeit; dennoch könnte der Fall eintreten, daß beim Besetztsein aller Verbindungssätze weitere Verbindungen nicht aufgebaut werden können. Es wäre aber vollkommen abwegig, hier von einer Schwäche des Selbstanschlußsystems zu sprechen, obwohl im Gegensatz hierzu z. B. bei Reihenanlagen mit Linientasten eine Verkehrsbeeinträchtigung in diesem Sinne überhaupt nicht eintreten kann.

Zusammenfassend sei festgestellt, daß in W-Nebenstellenanlagen, bei denen der Amtsverkehr über die Innenverbindungssätze abgewickelt wird, Verkehrsspitzen aufgenommen werden, so daß hierbei zeitlich gegebenenfalls mehr als z. B. 8 bzw. 10% gleichzeitige Innenverbindungen ausgeführt werden können.

In Anlagen mit Schnurzuteilung für den ankommenden Amtsverkehr werden nur die abgehenden Amtsverbindungen über Gruppenwähler oder Leitungswähler aufgebaut, dagegen die ankommenden Amtsverbindungen über Schnurstöpsel und eine jedem Teilnehmer zugeordnete Klinke direkt zugeteilt (Abbildung 45).

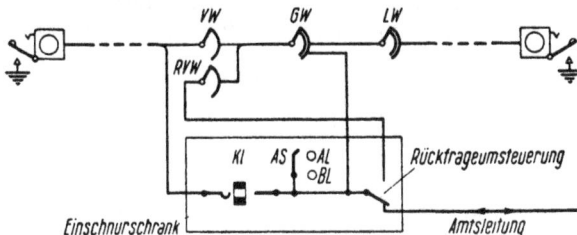

Abb. 45

Nebenstellenanlage mit Schnurvermittlungsschrank für den ankommenden Amtsverkehr bei selbsttätigem abgehendem Amtsverkehr und selbsttätigem Innenverkehr.

AL = Anruflampe   AS = Abfrageschalter
BL = Belegtlampe   KI = Teilnehmerklinke
RVW = Rückfragevorwähler

B. Anlagen mit besonderen Amtswählern

Für Anlagen mit besonderen Amtswählern, die als Doppelbetriebswähler jeder Amtsleitung fest zugeordnet werden, verwendet man in Deutschland die üblichen Wähler mit 50, 100 oder auch 200 Ausgängen auch als Amtswähler. Daher sind diese Anlagen überwiegend nur für bis zu 50, 100 bzw. 200 Teilnehmeranschlüsse anzutreffen. Da die Amtswähler nicht für die Abwicklung des Innenverkehrs herangezogen werden können, stehen sie stets für den abgehenden und den ankommenden Amtsverkehr zur Verfügung (Abbildung 47).

Auch bei diesem technischen Prinzip gibt es wiederum Unterschiede, die meistens für den Teilnehmer uninteressant sind, solange ihm nicht die eine oder andere Lösung als besonders vorteilhaft angeboten wird.

Der Unterschied besteht darin, daß die Teilnehmer den Zugang zu den Amtswählern von der Teilnehmerschaltung aus direkt erhalten können (überwiegend bei Tastenwahl), oder ihn indirekt über die Innenverbindungssätze bekommen (überwiegend bei Kennzahlwahl). Bei normalem Verkehr bzw. bei richtiger Bemessung der Innenverbindungssätze lassen sich technische Vorteile der einen gegenüber der anderen Ausführung überhaupt nicht herausstellen, da in beiden Fällen beim Abnehmen des Handapparates stets ein Innenverbindungssatz belegt wird. Zwar wird die Belegungszeit dort, wo die Amtswähler über einen Innenverbindungssatz angereizt werden, um die vom Teilnehmer zur Kennzahlwahl benötigte Zeit abzüglich der bei der Tastenwahl erforderlichen Zeit größer sein; aber das ist völlig bedeutungslos. Erst dann, wenn beim Besetztsein aller Innenverbindungssätze ein Zugang zu den Amtswählern verlangt wird, um ein Amtsgespräch in abgehender Richtung führen zu können, wird der Unterschied wirksam.

In Anlagen, in denen die Teilnehmer den Zugang zu den Amtswählern indirekt über die Innenverbindungssätze erhalten, wird die Möglichkeit einer Amtsbelegung beim Besetztsein aller Innenverbindungssätze wie folgt gewährleistet: Hierfür werden ein oder mehrere ,,Hilfsverbindungssätze", auch Hilfseinrichtungen genannt, eingebaut, über die der Anreiz zu einem freien Amtswähler gegeben werden kann. Ein derartiger Hilfsverbindungssatz besteht meistens aus einem normalen Anrufsucher und einem vereinfachten Leitungswähler. Da Innenverbindungen über diese Hilfsverbindungssätze nicht aufgebaut werden können, kann die Zugänglichkeit zu freien Amtsleitungen durch den Innenverkehr nicht beeinträchtigt werden.

Amts-
wähler

Abb. 46

SIEMENS-NEHA-WÄHLEINRICHTUNG
mit Amtswählern für jede Amtsleitung (Baustufe IIE)

Mit der Möglichkeit, daß ein Hilfsverbindungssatz von zwei Teilnehmern gleichzeitig in Anspruch genommen wird, braucht praktisch nicht gerechnet zu werden. Sollte dieser Fall einmal eintreten, so würde dies für einen der beiden Teilnehmer nur eine belanglose Wartezeit bedeuten, die er mitunter überhaupt nicht wahrnimmt; denn der Hilfsverbindungssatz wird nach jeder Amtswahl stets selbsttätig für neue Anrufe freigegeben. Auf Grund von Messungen an in Betrieb befindlichen Fernsprechanlagen ist man sogar zu folgendem Ergebnis gekommen:

133

„Leistungen und Verluste der gemäß den Regelbedingungen ausge-
führten Fernsprechanlagen zeigen, daß die festgelegte Zahl der Verbindungswege einen reibungslosen Fernsprechverkehr ermöglicht, bei dem
Beschwerden der Teilnehmer nicht zu erwarten sind, auch wenn keine
Hilfseinrichtung vorgesehen ist[1]).“

Bei den vorgenommenen Messungen, die sich über viele
Monate erstreckten, lag der Anteil der Amtsbelegungen, die
über die Hilfseinrichtung erfolgten, zwischen 0,0043% und
0,72% aller abgehenden Amtsbelegungen. Hierbei wurden
z. B. 46317 Belegungen der Amtsleitungen in abgehender

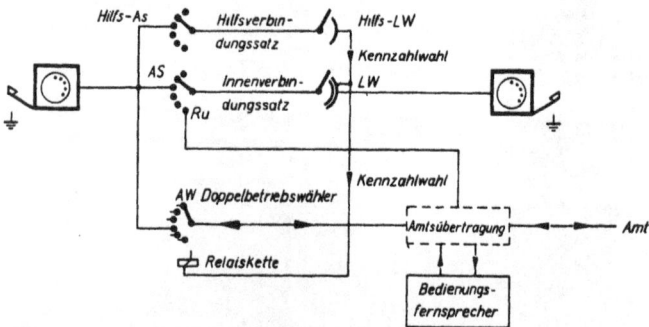

Abb. 47

Richtung in einer Anlage für 4 Amtsleitungen mit 17 Nebenstellen und 4 Innenverbindungswegen während einer Beob-
achtungsdauer von 14 Monaten gezählt; während dieser
Zeit wurde der Hilfsverbindungssatz nur 3 mal belegt.

Die Anzahl der Verbindungssätze beeinflußt natürlich die
Zahl der Amtsbelegungen, die über die Hilfseinrichtung erfolgen, wie nachstehendes Beispiel zeigt:

In einer anderen Anlage für 4 Amtsleitungen mit 23 Nebenstellen und 4 Innenverbindungssätzen wurde der über die
Regelausstattung hinaus mehr vorhandene Innenverbindungssatz abgeschaltet. Hierdurch stieg der Prozentsatz der über
die Hilfseinrichtung hergestellten Verbindungen von 0,0055%
auf 0,72% bei etwa monatlich 2500 Amtsverbindungen in
abgehender Richtung.

---

[1]) Hahn und Pfaff, Hilfseinrichtungen zur Sicherstellung des Aufbaues
abgehender Amtsverbindungen, Siemens Technische Mitteilungen des
Fernmeldewerks, Band Fg 2, Heft 8, Februar 1939,

Aus diesen geringen Werten der Amtsbelegungen über den Hilfsverbindungssatz überhaupt ergibt sich schon, daß die denkbare Möglichkeit des gleichzeitigen Begehrens eines Hilfsverbindungssatzes durch mehrere Teilnehmer praktisch völlig bedeutungslos ist. Es ergibt sich ferner, daß der Hilfsverbindungsatz sogar in Fortfall kommen könnte, ohne daß eine merkbare Beeinträchtigung des Verkehrs eintreten würde.

Die Regelausstattung für große W-Anlagen mit Amtswahl schreibt daher den Einbau auch nicht vor.

Dort, wo die Teilnehmer den Zugang zu den Amtswählern von der Teilnehmerschaltung aus direkt erhalten, ändert sich beim Besetztsein der Innenverbindungssätze nichts gegenüber dem normalen Verkehr, weil die Schaltung, deren sonstige Nachteile bereits auf Seite 126 beschrieben sind (siehe auch Seite 156, Frage 137), unabhängig vom Besetztsein der Innenverbindungssätze ist.

Der Vorteil der anderen Anlagen, die über Hilfsverbindungssätze verfügen, besteht aber darin, daß eine Rückfrage über eine andere Amtsleitung auch beim Besetztsein aller Innenverbindungssätze gehalten werden kann. Dagegen ist dieses nicht möglich in Anlagen, bei denen die Amtsbelegung durch Tastendruck von der Teilnehmerschaltung aus vorgenommen wird. Bei diesen steht ein Hilfsverbindungssatz nicht zur Verfügung und die Teilnehmer, die Rückfrage über eine andere Amtsleitung halten wollen, sind auf die Innenverbindungswege angewiesen.

Wählerkonstruktionen[1]

Zur Herstellung der Verbindungen werden beim Vorwähler- und beim Anrufsucher-Prinzip Wähler und andere Schaltmittel, wie Relais, Drosselspulen, Kondensatoren usw. benötigt. Die Wähler, die in Deutschland überwiegend anzutreffen sind, können nach ihrer Bewegungsrichtung unterteilt werden in Drehwähler und Hebdrehwähler.

A. Drehwähler

Drehwähler bewegen ihre Schaltarme im allgemeinen nur in einer Bewegungsrichtung, wobei sie schrittweise die im Kreisbogen angeordneten Kontaktlamellen bestreichen.

[1] Ein Überblick über die Wählerbauarten und die Wege zu ihrer Einordnung in Bauklassen und zwar nicht nur der in Deutschland gebräuchlichen Wähler findet sich in: Hettwig, Fernsprech-Wählanlagen, Verlag von R. Oldenbourg, München 1950.

Als Vorwähler werden, die auf Seite 144 beschriebenen, 10 tlg. (11 tlg.) Drehwähler verwendet. Der Verwendung von Drehwählern als Anrufsucher sind — wegen der Zeit, die zum Absuchen der Kontaktlamellen benötigt wird — gewisse Grenzen gezogen. So werden Drehwähler als Anrufsucher meistens nur mit bis zu 50 (52) Ausgängen geliefert, sofern man nicht den Antrieb ändert und das Prinzip des Motorantriebes wählt. Hierdurch kann die Schrittgeschwindigkeit erheblich gesteigert und so die Grenze wesentlich herausgeschoben werden.

B. Hebdrehwähler

Hebdrehwähler arbeiten dagegen in zwei Bewegungsrichtungen. Die Schaltarme werden zunächst um 1 bis 10 Schritte gehoben, bis sie vor der gewünschten Kontaktreihe (Dekade) stehen, um alsdann genau wie die Drehwähler schrittweise die im Kreisbogen angeordneten Kontaktlamellen zu überfahren. Hebdrehwähler nach diesem Beispiel können 10 Hebschritte und 10 Drehschritte ausführen, ihre Schaltarme also über 100 Kontakte (100 Ausgänge) bewegen. Als Anrufsucher geschaltet brauchen sie im ungünstigsten Falle nur 10 Heb- und 10 Drehschritte zurückzulegen.

Drehwähler und Hebdrehwähler finden in Deutschland gleichfalls für die öffentlichen Fernsprechämter Verwendung. Hieraus ergibt sich auch die millionenfache Bewährung dieser Konstruktionen in der Praxis.

Eine große Anzahl unerläßlicher Forderungen elektrischer und mechanischer Art werden von diesen Wählern als selbstverständlich verlangt und von ihnen gewährleistet. Es war genau so selbstverständlich, daß die deutsche Technik auf dem einmal Erreichten nicht stehen blieb, sondern auch bewährte Konstruktionen verbesserte, sei es nun, um bestimmte Werkstoffe durch andere zu ersetzen, um Material und Platz zu ersparen usw. Daher haben Drehwähler und Hebdrehwähler im Laufe der Jahre ihr Aussehen geändert. Das Prinzip ist jedoch das gleiche geblieben, da man nicht ohne Zwang eine bewährte Konstruktion aufgeben und durch etwas völlig Neues ersetzen wollte, zumal Neukonstruktionen im Laboratorium erst eine vielfache Feuerprobe bestehen müssen, bevor man an eine Einführung in die Praxis denken kann. Die Schaltungen dagegen, die den einzelnen Bauelementen erst ihre mannigfaltigen Wirkungsweisen ermöglichen, müssen stets neuzeitlichen Forderungen gerecht werden. Bei ihnen werden die neuesten Erkenntnisse berücksichtigt; daher unterliegen sie einem steten Wandel.

Abb. 48

Schrittschalt-Drehwähler aus der Fertigung der Siemens & Halske Aktiengesellschaft
Vordere Reihe: Wähler mit 10 (11), 15 (17) und 34 Ausgängen
Hintere Reihe: Wähler mit 25 (26), 50 (52) Ausgängen

Außer den besprochenen Drehwählern mit im allgemeinen bis zu 50 (52) Ausgängen und den Hebdrehwählern, die hauptsächlich mit 100 Ausgängen gerfertigt werden, gibt es noch sog. Großwähler, die im Ausland Verwendung gefunden haben. Es sind dies z. B. der Drehschiebewähler (Kulissenwähler) von Ericsson (20 × 25 teilig) und der Stangenwähler der Western Electric Comp. (5 × 100 teilig). Der Kulissenwähler wird von der schwedischen Postverwaltung nur noch in Stockholm und Göteborg benutzt. Der Stangenwähler findet weiterhin noch in den Großstädten Verwendung, wo er bereits früher eingebaut war. Die Höhe dieser Gestelle beträgt drei Meter.

C. Fallwähler

Von der Telefonbau und Normalzeit GmbH., Frankfurt a.M. wird ein 200 teiliger Wähler angeboten, der von dieser Firma auch für Nebenstellenanlagen verwendet wird. Die Herstellerin nennt diesen Wähler „Fallwähler" und das von ihr entwickelte System das „Fallwählersystem." Der Fallwähler bewegt sich in senkrechter Richtung. Er wird durch die Schwerkraft angetrieben. Die Schaltarme überfahren die Kontaktlamellen eines Flachbank-Kontaktfeldes. Der bewegliche Schlitten, an den Schaltarme (Bürsten) montiert sind, steht in der Ruhelage oben. Bei der Einstellung des Wählers gleitet der Schlitten abwärts, bis die Bürsten auf den gewünschten Kontaktlamellen stehen. Nach Beendigung des Gespräches gleitet der Schlitten weiter abwärts, bis er von einer Aufzugsvorrichtung erfaßt und in die Höchststellung zurückgebracht wird (Abb. 50). G. Merk schreibt über den Fallwähler wie folgt:

Das Fallwählersystem, Zeitschrift für Fernmeldetechnik, Werk- und bau, Heft 12, Dezember 1941.

„Bei dem Fallwählersystem wird ein 200 teiliges flaches Vielfachkontaktfeld mit doppelseitiger Ausnutzungsmöglichkeit verwendet. Ein solches Kontaktfeld besteht aus 10 Teilbänken für je 20 Leitungen und einer Gruppenbank. Dieses 200 teilige Vielfachkontaktfeld wird in ein Hauptfeld unterteilt, welches die Leitungen der eigenen Teilnehmergruppen enthält, und in ein Aushilfsfeld, welches die Leitungen von einer oder mehreren anderen Teilnehmergruppen aufnimmt. Durch diese Aufteilung des Kontaktfeldes wird erreicht, daß durch die paarige Zusammenfassung verschiedener Teilnehmergruppen die dekadische Gruppierung im Wähleraufbau erhalten bleibt und die sonst bei Großwählern erforderlichen Umrechner vermieden werden.[1]
Dem Kontaktfeld sind Schaltglieder (Schlitten) vorgelagert, welche jeweils 10 vielfachgeschaltete Bürstensätze besitzen und damit die 200 Leitungen des Haupt- und Aushilfsfeldes erreichen können. Die Bürstensätze auf dem Schaltglied sind so angeordnet, daß je ein Bürstensatz einer bestimmten Teilbank zugänglich ist."

---

[1] Die englische Post verwendet gleichfalls 200 teilige Wähler bei denen Umrechner nicht erforderlich sind.   D. V.

Relaissatz

Wähler

Abb. 49

Hebdrehwähler mit angebautem Relaissatz (Fertigung Siemens & Halske Aktiengesellschaft)

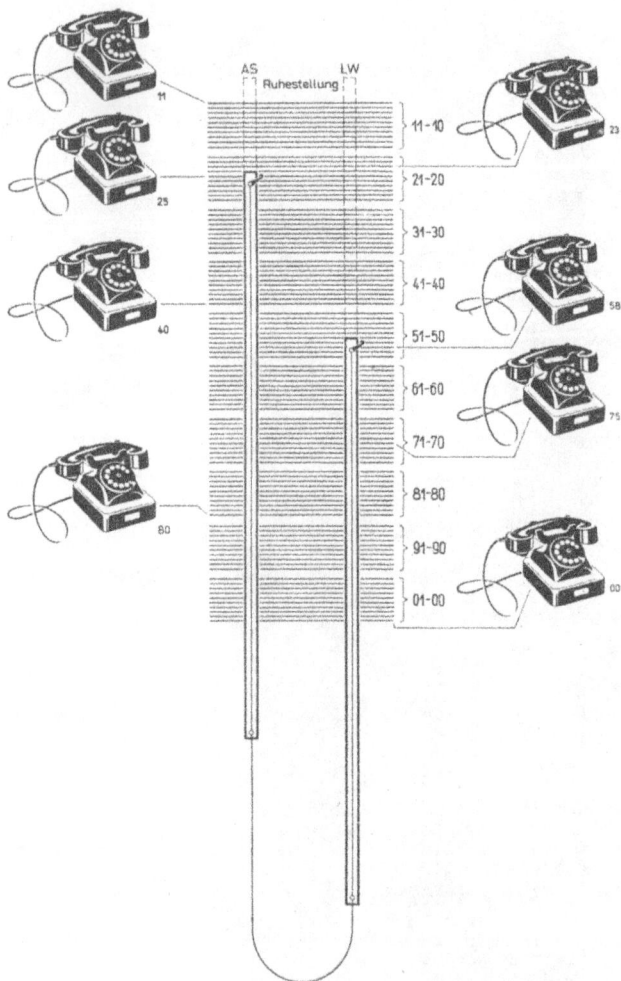

AS   LW
Ruhestellung

11-10
21-20
31-30
41-40
51-50
61-60
71-70
81-80
91-90
01-00

Abb. 50
Schematische Darstellung des Fallwählers
der Telefonbau und Normalzeit GmbH.

Abb. 51
SIEMENS-Motorwähler mit 2×10 Schaltarmen
und 1020 Kontaktlamellen

D. Motorwähler

In bezug auf die Bewegungsrichtung gehört der Motorwähler zu den Drehwählern. Er weicht aber von den Drehwählern (und auch von den Hebdrehwählern), die wegen
ihres Antriebes auch Schrittschalt-Wähler genannt werden,
durch seinen neuartigen Motorantrieb ab. Bei ihm werden
die Kontaktarme nicht schrittweise weitergeschaltet, sondern
gleiten fast gleichmäßig über die Kontaktbänke hinweg. Das
Stillsetzen erfolgt durch elektrisches Abbremsen ohne hartes
Anschlagen außerordentlich weich.

Da der größte bisher verwendete Motorwähler der Siemens &
Halske Aktiengesellschaft 2×10 Schaltarme und eine
Kontaktbank mit 1020 Lamellen hat (Abb.51), kann er ohne
weiteres z. B. als Anrufsucher für 200 Teilnehmeranschlüsse
oder auch als Gruppen- oder Leitungswähler eingesetzt werden[1].
Seine Schrittgeschwindigkeit ist jeweils dem Verwendungszweck angepaßt. So macht der Motorwähler bei der Dekaden-
wahl, bei der er als Drehwähler bei jedem Stromstoß sämtliche Schritte der vorherigen Dekade überlaufen muß, z. B.
160 bis 200 Schritte je Sekunde. Bei der Freiwahl werden
z. B. bei der Auswahl eines nachgeschalteten Wählers, 80 bis
120 Schritte in der Sekunde zurückgelegt.

Dagegen beträgt die Geschwindigkeit bei der Einerwahl
(erzwungenen Wahl) entsprechend dem Ablauf des Nummernschalters nur 10 Schritte je Sekunde. Die große Schrittgeschwindigkeit wirkt sich auch besonders günstig bei der
Verwendung als Anrufsucher aus, weil hierdurch die Einstellzeit des Anrufsuchers auf ein Mindestmaß verkürzt wird.

Technische Beschreibung
einer Großen W-Anlage mit Amtswahl und Wählerzuteilung nach dem SIEMENS-NEHA-SYSTEM (Baustufe III W)

Baustufe	Mindestausbau			Endausbau		
	Anschlußorgane für		Innenver-bindungs-wege[2]	Anschlußorgane für		Innenver-bindungs-wege[2]
	Amtslei-tungen	Neben-stellen		Amtslei-tungen	Neben-stellen	
III W	5	50	5	100	1000	100

[1] Hettwig, Fernsprech-Wählanlagen, Verlag von R. Oldenbourg,
München 1950.
[2] Die Anzahl der Innenverbindungswege entspricht der der gleichzeitig möglichen Innengespräche.

Abb. 52. Gestellreihe einer Großen NEHA-Wählanlage mit Amtswahl und Wählerzuteilung. Von links nach rechts: Vorwähler-Gestellrahmen, Leitungswählergestellrahmen, Gruppen-wählergestellrahmen, Amtsübertragungen, Signalgestellrahmen, Hauptverteiler)

Allgemeines

Die Groß-NEHA-Wählanlage ist unter Verwendung weiterer Wahlstufen über die Baustufe III W der Fernsprechordnung hinaus unbegrenzt erweiterungsfähig. Ihre Arbeitsweise ist so, daß die Teilnehmer im Innenverkehr ihre Verbindungen selbsttätig durchWählen der entsprechenden Rufnummern herstellen. Auch der abgehende Amtsverkehr wird selbsttätig ohne Mitwirken einer Vermittlungsperson abgewickelt. Gleiches gilt für etwa angeschlossene Verbindungsleitungen zu anderen Anlagen (Querverbindungsverkehr). Lediglich ankommende Amtsrufe werden an der Abfragestelle entgegengenommen und von dort aus zu den Nebenstellen weitergeleitet.

Die Wähleinrichtung

Jeder Nebenstelle ist in der Wähleinrichtung ein kleiner Vorwähler (11teiliger Drehwähler) zugeordnet. Beim Abheben des Handapparates läuft der Vorwähler an und sucht

Abb. 53
Wähleinrichtung für eine Große W-Nebenstellenanlage nach dem NEHA-SYSTEM (Baustufe IIIW).

dem rufenden Teilnehmer einen freien Innenverbindungsweg.
Dieser besteht in Anlagen der 100er Bauart aus einem Leitungswähler mit zugehörigem Relaissatz, in Anlagen der

1000er Bauart aus einem Gruppen-'und Leitungswähler, ebenfalls mit zugehörigen Relaissätzen.

Bei der 100er Bauart erhalten die Teilnehmer zweistellige, bei der 1000er Bauart dreistellige Rufnummern. Als Gruppen- und Leitungswähler werden 100teilige Hebdrehwähler (Siemens-Viereckwähler) verwendet.

Wähler und Relaissätze sowie die zum Betrieb der Abfragestelle notwendigen Schaltungselemente sind in Gestellrahmen übersichtlich und leicht zugänglich untergebracht, die — zu Gestellreihen vereinigt — freistehend aufgestellt werden.

Die Gestellrahmen haben im einzelnen folgendes Fassungsvermögen

Vorwähler-Gestellrahmen
= 100 Vorwähler (VW) mit Relaissätzen für 100 Teilnehmeranschlüsse,
Leitungswähler-Gestellrahmen
= 20 Leitungswähler (LW) mit Relaissätzen,
Gruppenwähler-Gestellrahmen
= 20 Gruppenwähler (GW) mit Relaissätzen,
Amtsübertragungs-Gestellrahmen
= 7 Amtsübertragungen (AÜ),
Signal-Gestellrahmen
= für Ruf- und Signalmaschinen (RSM) sowie gemeinsame Teile.

Die Amtsleitungen werden im abgehenden Amtsverkehr durch Wählen einer zumeist einstelligen Kennzahl über Leitungs- oder Gruppenwähler (je nach Größe der Anlage) erreicht. Je nach Bedarf können sie für einfach und doppelt gerichteten Verkehr vorgesehen werden. Einfach gerichtet bedeutet, daß die betreffende Amtsleitung entweder nur für den abgehenden oder nur für den ankommenden Amtsverkehr zur Verfügung steht. Über doppelt gerichtete Amtsleitungen können sowohl Anrufe weitergegeben, als auch abgehende Amtsverbindungen hergestellt werden.

Das Leitungsnetz

Von der Wähleinrichtung führt nur je eine Doppelleitung zu den einzelnen Nebenstellen. Fernsprecher für amtsberechtigte Nebenstellen haben zusätzlich einen gemeinsamen Erdanschluß für die Erdungstaste.

Die Abfragestelle

Je nach Größe der Anlage besteht die Abfragestelle aus einem oder aus mehreren Vermittlungsplätzen (Bedienungs-

tischen). Jeder Bedienungstisch kann maximal mit 20 doppelt
gerichteten Amtsleitungen belegt werden. Sind mehrere Ver-
mittlungsplätze vorhanden, so können auf Wunsch jeweils
2 Plätze so geschaltet werden, daß von einem Platz aus neben
den eigenen Amtsleitungen auch die eines weiteren Platzes
bedient werden können. Zu diesem Zweck werden die Organe
für die Bedienung der Amtsleitungen des zweiten Platzes auf

Abb. 54
Bedienungstische für Große W-Anlagen mit Amtswahl und Wählerzuteilung für Zahlengebervermittlung

dem ersten Platz und umgekehrt wiederholt. Diese Ergänzungsausstattung dient der reibungslosen und schnellen Abwicklung des Spitzenverkehrs.

Unabhängig davon können dagegen in verkehrsschwachen
Zeiten durch Umlegen eines besonders vorzusehenden Platz-
umschalters ankommende Anrufe benachbarter Plätze abgefragt und weitervermittelt werden.

Im Gegensatz zu Schrankanlagen mit Stöpseln und
Schnüren werden bei NEHA-Anlagen auch die ankommenden
Amtsverbindungen über Wähler weitervermittelt. Es wurde
dadurch möglich, den weitaus größten Teil der für die Bedienung der Anlage erforderlichen Schaltmittel mit ihren
zahlreichen Kontakten in der Wähleinrichtung unterzubringen

und für fast alle Bedienungsvorgänge Tastensteuerung vorzusehen. Daher können beispielsweise die Pflegearbeiten dort
ohne Unterbrechung der Vermittlungstätigkeit durchgeführt
werden. Auch sind Tasten einfach im Aufbau, erfordern nur
eine geringe Verdrahtung und sind gegen Störungen weit-
gehend unempfindlich.

Trotz der vielseitigen Verkehrsmöglichkeiten sind die Handgriffe für die Bedienung auf ein Mindestmaß beschränkt. So
genügt beispielsweise ein kurzer Druck auf eine Taste, um die
Sprechverbindungen mit einem anrufenden Teilnehmer aufzunehmen (Abb. 54).

Für die Weitervermittlung der Amtsverbindungen steht
außer dem Zugnummernschalter noch eine Zahlengeber-
Tastatur zur Verfügung. Zum Wählen in das öffentliche
Fernsprechamt wird dagegen stets der Zugnummernschalter
benutzt. Er wird beim Wählen durch eine fast gradlinige
Bewegung aufgezogen und bietet dadurch in der Bedienung
besondere Erleichterung.

Der Zahlengeber besteht je nach Ausführung aus einem oder
mehreren 10 teiligen Tastenstreifen mit den Ziffern 1, 2, ... 9
und 0. Die gewünschte Rufnummer wird durch Drücken der
betreffenden Tasten eingestellt. Nach Einstellen der Nummern auf der Tastatur kann sofort mit einer neuen Bedienungshandlung begonnen werden. Somit entlastet der
Zahlengeber die Bedienung und beschleunigt die Verkehrsabwicklung. Das Freiwerden des Zahlengebers erkennt die
Bedienungsperson am Erlöschen der Zahlengeber-Lampe.

Die Nebenstellen

Als Nebenstellen können an die Anlage angeschlossen
werden:

Voll amtsberechtigte Nebenstellen, deren Teilnehmer sich
die Verbindungen zum Amt unmittelbar selbst herstellen.

Halb amtsberechtigte Nebenstellen, die Amtsverbindungen
nur über die Abfragestelle erhalten und

Nicht amtsberechtigte Nebenstellen, von denen aus lediglich Innengespräche geführt werden können.

Die Unterschiede betreffen also allein den Amtsverkehr;
hinsichtlich der Innengespräche haben sämtliche Nebenstellen
gleiche Verkehrsmöglichkeiten.

Die Fernsprecher von amtsberechtigten und nicht amtsberechtigten Nebenstellen unterscheiden sich nur durch eine
Taste, mit der die Fernsprecher der amtsberechtigten Nebenstellen zusätzlich ausgerüstet sind.

Die Siemens-NEHA-Anlagen sind so eingerichtet, daß die Berechtigung der Sprechstellen hinsichtlich des Amtsverkehrs jederzeit geändert werden kann. Es läßt sich also jede der drei oben aufgeführten Berechtigungsarten in eine andere umwandeln.

Nach ihrer Lage werden innenliegende und außenliegende Nebenstellen unterschieden.

Außenliegende Nebenstellen befinden sich nicht auf demselben Grundstück wie die Abfragestelle der Anlage. Sie können bei Bedarf angeschlossen werden. Die Teilnehmer haben die gleichen Verkehrsmöglichkeiten wie die der innenliegenden Nebenstellen.

Innenverkehr

Der Verkehr der Teilnehmer untereinander wird selbsttätig abgewickelt. Nach Abheben des Handapparates ertönt das Wählzeichen (z. B. Morses) im Hörer. Die Rufnummer des gewünschten Teilnehmers wird gewählt. Ist der Anschluß frei, so erhält der Rufende das Freizeichen, das alle 5 Sekunden im Takt des abgehenden Rufes zurückgegeben wird. Ist der gewählte Anschluß besetzt, so erhält der Rufende das Besetztzeichen.

Nach Gesprächsbeendigung werden die benützten Wähler sofort freigegeben, wenn einer der beiden Teilnehmer auflegt.

Abgehender Amtsverkehr

Von den voll amtsberechtigten Nebenstellen aus wird eine freie Amtsleitung selbsttätig durch Wählen einer Kennzahl (Kennziffer 0) belegt. Ist der Teilnehmer auf eine freie Amtsleitung geschaltet, so erhält er das Wählzeichen des öffentlichen Amtes und kann nun den Teilnehmeranschluß selbst wählen[1]).

Sind alle Amtsleitungen besetzt, so ertönt nach Wahl der Kennzahl das Besetztzeichen.

Halb amtsberechtigte Nebenstellen erhalten ihre Verbindungen zum Amt über die Abfragestelle. Diese wird im Innenverkehr angerufen. Nach Mitteilung, daß eine Amtsverbindung gewünscht wird, legt der Teilnehmer seinen Handapparat auf. Die Vermittlungsperson stellt danach die Verbindung mit einer Amtsleitung wie beim ankommenden Amts-

---

[1]) Bei Anschluß an ein Amt mit handbedienter Vermittlung ist erst abzuwarten, bis die Bedienungsperson sich meldet und dann die Rufnummer des Amtsteilnehmers anzugeben.

verkehrs (s. dort) her; sie kann auch selbst die Rufnummer des gewünschten Amtsteilnehmers für den Anrufenden wählen.

Ankommender Amtsverkehr

Abfragen und Vermitteln

Kommt ein Amtsruf an, so leuchtet am Bedienungstisch die zugehörige Anruflampe auf. Gleichzeitig ertönt ein Weckerzeichen (abschaltbar). Ein kurzer Druck auf die betreffende Abfragetaste stellt die Verbindung zum anrufenden Teilnehmer her. Die Weitervermittlung geschieht durch Drücken der je Tisch einmal vorhandenen Verbindungstaste und Einstellen der gewünschten Teilnehmerrufnummer auf der Zahlengeber-Tastatur oder durch Wählen mit dem Zugnummern schalter. Danach kann sofort mit einer neuen Bedienungshandlung begonnen werden.

Wartestellung

Die Meldung des Teilnehmers braucht nicht abgewartet zu werden, da die Amtsverbindung nun selbsttätig auf „Warten" geschaltet und damit gehalten wird.

Überwachen der Amtsverbindungen

Ist der Teilnehmer frei, so erlischt die Überwachungslampe alle 5 Sekunden (im Ruf-Rhythmus). Die Bedienungsperson erkennt hieran, daß der Teilnehmer gerufen wird. Hat dieser sich gemeldet, leuchtet die Überwachungslampe wieder ruhig. Die Amtsverbindung kann dem gewünschten Teilnehmer auch vorher angeboten werden, ohne daß der Amtsteilnehmer mithören kann.

Ist die gerufene Nebenstelle besetzt, so flackert die Überwachungslampe in schnellem Rhythmus. Die Verbindung wird auch in diesem Falle weiter in Wartestellung gehalten. Hat der gerufene Nebenstellenteilnehmer sein Gespräch beendet und den Handapparat aufgelegt, so setzt sofort der Ruf selbsttätig ein, und am Vermittlungsplatz erlischt die Überwachungslampe im Rufrhythmus (alle 5 Sekunden). Wird darauf der Handapparat abgehoben, so ist die Verbindung mit dem Amtsteilnehmer hergestellt.

Die Bedienung kann dem Amtsteilnehmer jedoch auch mitteilen, daß der gewünschte Nebenstellenanschluß besetzt ist und ihn gegebenenfalls nach kurzzeitigem Drücken der gemeinsamen Trenntaste mit einem anderen Teilnehmer verbinden.

Auf Wunsch kann zusätzlich automatische Überwachung für ankommende Amtsverbindungen vorgesehen werden. Durch diese Einrichtung erfolgt ein Wiederanruf am Vermittlungsplatz, wenn sich der gewünschte Teilnehmer nicht innerhalb einer bestimmten Zeit meldet. Die Länge dieser Zeit kann für jede Anlage beliebig festgelegt werden.

Aufschalten

Führt der gewünschte Nebenstellenteilnehmer ein Gespräch, und will der Amtsteilnehmer nicht warten, bis dieses beendet ist, so kann sich die Vermittlungsperson durch dauernden Druck auf die Aufschaltetaste (Q-Taste) auf das Gespräch aufschalten, die Amtsverbindung anbieten und zur Gesprächsbeendigung auffordern. Dabei kann der Amtsteilnehmer nicht mithören. Die Gesprächspartner erhalten als Aufschaltesignal ein Tickerzeichen, um zu verhindern, daß die Bedienungsperson unbemerkt in das Gespräch eintritt.

Kommt der Teilnehmer der Aufforderung zur Gesprächsbeendigung nicht nach, so erfolgt nach einer bestimmten Zeit selbsttätig ein Wiederanruf am Bedienungsplatz (s.o.).

Halten einer Amtsverbindung vor Weitervermittlung

Kann eine Amtsverbindung nicht sofort weitervermittelt werden — beispielsweise, wenn vorher andere Anrufe abzufragen sind —, so wird die Haltetaste (K-Taste) betätigt (gezogen) und damit die Amtsverbindung gehalten. Nach erfolgter Weitervermittlung wird die K-Taste wieder in die Ruhestellung gebracht.

Auf Wunsch lassen sich die Haltetasten so schalten, daß sie für Kettengespräche Verwendung finden können (siehe Ergänzungsausstattungen).

Rückfrage

Will ein Teilnehmer während eines Amtsgespräches bei einer anderen Sprechstelle Rückfrage halten, so drückt er kurz die Taste seines Fernsprechers. Dadurch wird die Amtsverbindung abgetrennt, und für die Dauer der Rückfrage gehalten. Der Teilnehmer stellt durch Nummernwahl die gewünschte Rückfrageverbindung auf der gleichen Leitung her, über die er vorher das Amtsgespräch geführt hat. Das Rückfragegespräch kann vom Amtsteilnehmer nicht mitgehört werden. Nach Beendigung der Rückfrage genügt gleichfalls ein kurzer Tastendruck, um die Amtsverbindung wieder zu übernehmen.

Während einer Amtsverbindung können Rückfragegespräche nicht nur im Innenverkehr, sondern auch über eine zweite Amtsleitung geführt werden. Zur Herstellung dieser Verbindungen wird nach kurzem Druck auf die Erdungstaste wiederum die Amtskennziffer 0 gewählt.

Legt der Teilnehmer, der ein Rückfragegespräch veranlaßt hat, nach dessen Beendigung versehentlich den Handapparat auf, so wird trotzdem die bestehende Amtsverbindung nicht getrennt. Es findet selbsttätig sofort ein neuer Anruf am Vermittlungsplatz statt, so daß von dort die Verbindung mit dem wartenden Amtsteilnehmer erneut hergestellt werden kann.

Umlegen (Weitergabe) einer Amtsverbindung

Amtsverbindungen können sowohl von den Nebenstellenteilnehmern selbst wie auch über die Abfragestelle umgelegt werden.

Umlegen durch den Nebenstellenteilnehmer

Der gewünschte Nebenstellenteilnehmer wird in „Rückfrage" angerufen und ihm die Amtsverbindung angeboten. Es steht im Belieben des angerufenen Teilnehmers, die Amtsverbindung abzulehnen oder sie durch kurzen Druck auf die Erdungstaste seines Fernsprechers zu übernehmen. Das Abschieben unerwünschter Gespräche ist somit verhindert. Wird die Übernahme vollzogen, so erhält der Rufende wieder das Wählzeichen und legt auf. Das Umlegen kann beliebig oft wiederholt werden.

Umlegen über die Abfragestelle

Nach einem längeren Tastendruck an der Nebenstelle meldet sich die Bedienungsperson der Abfragestelle. Sie wird aufgefordert, in die Amtsverbindung einzutreten und die Weitervermittlung durchzuführen.

Einzel-Nachtschaltung

Diese Einrichtung kommt nach Betriebsschluß oder in Pausen zur Anwendung und wird nach Betätigen des je Amtsleitung vorgesehenen Nachtschalters durch die Bedienungsperson wirksam.

Die Amtsrufe über die einzelnen Amtsleitungen werden dadurch direkt zu je einer Nebenstelle (Nacht-Nebenstelle) geleitet. Jede beliebige Nebenstelle läßt sich durch entsprechende Schaltung als Nacht-Nebenstelle einrichten. Die Nacht-Nebenstellen sind mit den gleichen Fernsprechern ausgestattet wie die anderen Nebenstellen. Ihre Verkehrsmöglichkeiten werden durch die Nachtschaltung in keiner Weise beschränkt. Auch für die übrigen Nebenstellen tritt in der Verkehrsabwicklung keinerlei Änderung ein. Wird an der Nacht-Nebenstelle bereits ein Gespräch geführt, so wird ein ankommender Amtsruf durch ein Tickzeichen angekündigt, das dem Gespräch überlagert wird. Zum Weiterleiten einer Amtsverbindung zu einem anderen Nebenstellenteilrehmer wird dieser in ,,Rückfrage'' angerufen. Die Verbindung kann seinerseits durch Tastendruck übernommen werden.

Weitere Ausführungsmöglichkeiten der Nachtschaltung sind unter Abschnitt ,,Ergänzungsausstattung'' beschrieben.

Besondere Betriebsvorteile

Zur Steigerung der Betriebsgüte wurde bei der Entwicklung des NEHA-Systems besonderer Wert darauf gelegt, die Auswirkung jeder unnötigen Belegung von Verbindungswegen auf ein Mindestmaß zu beschränken. Fehler oder Nachlässigkeiten der Teilnehmer oder Störungen in Teilnehmerleitungen setzen daher die Gesprächsmöglichkeiten der anderen Teilnehmer nicht herab.

Wählt ein Teilnehmer nach Abheben des Handapparates nicht innerhalb einer bestimmten Frist oder unterbricht das Wählen längere Zeit, so wird selbsttätig ein Alarmzeichen ausgelöst.

Das gleiche geschieht, wenn Teilnehmerleitungen durch Kurzschluß gestört sind.

Sperrung von Amtsleitungen für abgehenden Verkehr

Jede Amtsleitung kann für abgehende Verbindungen mit Hilfe der im Wählergestell befindlichen Sperrtaste gesperrt werden, es ist dadurch möglich, gestörte Amtsleitungen für die Dauer der Störung vom abgehenden Verkehr auszuschließen.

Stromversorgung

Die Betriebsspannung der Anlage beträgt 60 Volt. Die Speisung kann auf folgende Arten vorgenommen werden:

1. Durch eine Akkumulatoren-Batterie in Verbindung mit einem Ladegerät für selbsttätige Pufferung oder

2. durch 2 Batterien mit einem Ladegerät zum wechselseitigen Laden und Entladen.

Ergänzungsausstattungen

Über die bisher beschriebenen Verkehrsmöglichkeiten hinaus kann besonderen Betriebsbedingungen weitere Ausgestaltung der Anlage entsprochen werden.

Selbsttätige Rufweiterschaltung

Amtsrufe, die nach etwa 25 Sekunden bei der Abfragestelle nicht abgefragt sind, werden selbsttätig zu einer bestimmten Nebenstelle weitergeleitet. In der Regel werden hierfür die Nachtnebenstellen vorgesehen.

Die selbsttätige Rufweiterschaltung kann auch für Nebenstellen eingerichtet werden; sämtliche bei einer solchen Nebenstelle ankommenden Rufe werden dann, sofern nicht abgefragt wird, selbsttätig zu einer bestimmten anderen Nebenstelle weitergeleitet.

Einrichtung zum Führen von Kettengesprächen

Äußert ein anrufender Amtsteilnehmer den Wunsch, verschiedene Nebenstellenteilnehmer nacheinander zu sprechen, so ist am Bedienungsfernsprecher die je Amtsleitung vorgesehene Haltetaste zu ziehen. Dadurch wird verhindert, daß nach jeder Gesprächsbeendigung durch Auflegen des Handapparates an der Nebenstelle die Amtsverbindung getrennt wird. Die Bedienungsperson erhält jeweils einen Neuanruf an der betreffenden Amtsleitung und stellt nach Abfragen die nächste Verbindung her.

Nach Vermittlung des letzten Gesprächs wird die Taste wieder in Ruhestellung gebracht.

Sammel-Nachtschaltung (General-Nachtschaltung)

Zusätzlich zur Einzel-Nachtschaltung läßt sich auch eine Einrichtung einbauen, die die Amtsrufe mehrerer oder aller Amtsleitungen zu einer bestimmten Nebenstelle (Nachtvermittlungsstelle) weiterleitet. Diese Einrichtung wird als Sammel-Nachtschaltung (General-Nachtschaltung) bezeichnet. Sie wird durch Betätigen des dafür vorgesehenen Schalters eingeschaltet.

Treffen bei der Nachtvermittlungsstelle gleichzeitig mehrere Amtsrufe ein, so werden sie gespeichert und können nacheinander abgefragt werden. Wird von der Nachtvermittlungsstelle aus ein Gespräch geführt, während ein Amtsruf eintrifft, so wird dieser durch ein Tickerzeichen angekündigt, das dem Gespräch überlagert wird. Die Nachtvermittlungsstelle erhält den gleichen Fernsprecher wie die übrigen Nebenstellen. Alle Aufgaben können dort erledigt werden. Ruft der Teilnehmer der Nachtvermittlungsstelle eine Nebenstelle „in Rückfrage" an, und ist diese durch ein Innengespräch besetzt, so erfolgt selbsttätige Aufschaltung, die allen Gesprächspartnern durch Tickerzeichen angekündigt wird (siehe „Aufschalten").

Es ist weiterhin möglich, einen Teil der Amtsleitungen in „Sammel-Nachtschaltung" einer Nachtvermittlungsstelle zuzuleiten, während die restlichen Amtsleitungen in Einzel-Nachtschaltung auf verschiedene Nebenstellen verteilt werden.

Ferner lassen sich auf Wunsch zusätzlich Schalter vorsehen, mit denen die Sammel-Nachtschaltung bzw. die Einzel-Nachtschaltung wahlweise anderen Nebenstellen zugeordnet werden kann oder andere Kombinationen ermöglicht werden.

Sperreinrichtung für bestimmte Verbindungen

Durch diese Einrichtung werden die Nebenstellenteilnehmer daran gehindert, Verbindungen mit' erhöhter Gesprächsgebühr (z. B. Fern-, Netzgruppen- und Schnellverkehr, Zeitansage, Wetterdienst usw.) selbst herzustellen. Derartige Gespräche können dann nur nach Anmeldung bei der Abfragestelle geführt werden.

Nebenstellen-Besetztlampen

Der Besetztzustand der Nebenstellen kann auf einem Lampenfeld, das am Bedienungstisch angebracht wird, kenntlich gemacht werden. Um einen unnötigen Stromverbrauch durch die Besetztlampen zu verhindern, werden diese jeweils nur durch Druck auf eine Einschaltetaste von der Bedienungsperson zum Aufleuchten gebracht.

Weitere Ergänzungsausstattungen

Mithör-Fernsprecher — Vorgeschaltete Reihenapparate für leitende Personen — Direktions- und Sekretär-Anlagen — Ferndiktiereinrichtungen — Konferenzanlagen — Personensucheinrichtungen — Türbesetztanzeiger („Nicht eintreten") — Sammel- und Zweieranschlüsse — Querverbindungen zu anderen Nebenstellenanlagen — Aufschaltemöglichkeit für bevorzugte Teilnehmer auf besetzte Nebenstellenanschlüsse — Meldeleitungen, die für Weitervermittlung eingerichtet sind — u. a. m.

Zusatzeinrichtungen

Fernsprecher mit Stecker

können wahlweise über Anschlußdosen in verschiedenen Räumen benutzt werden.

Zweite Sprechapparate

sind zusätzliche Fernsprecher, um die einzelne Sprechstellen erweitert werden können. Beide Fernsprecher haben die gleiche Rufnummer und gelten verkehrsmäßig als eine Sprechstelle.

Zweite Wecker
machen die Rufe in Nebenräumen wahrnehmbar.

Zweite Hörer
in Dosen- oder Muschelform verbessern die Verständigung in geräuschvollen Räumen.

Wählanlagen ohne Amtswahl

Wählanlagen ohne Amtswahl sind Nebenstellenanlagen mit Wählern, bei denen die Innenverbindungen selbsttätig über Wähler, die abgehenden und ankommenden Amtsverbindungen über Schnüre oder andere von Hand bediente Schaltmittel aufgebaut werden.

Die Vermittlungseinrichtungen für diese Anlagen bestehen aus einem Schrankteil für die Amtsverbindungen und einem Wählerteil für die Innenverbindungen.

Nach der Fernsprechordnung vom 24. 11. 1939 waren hierfür die Baustufen IV sowie die Regel- und Ergänzungsausstattungen nach Abschnitt XII vorgesehen. Nach der Fernsprechordnung von 1950 sind Anlagen der früheren Baustufen IV und der Regelausstattung nach Abschnitt XII nur noch für die Wiederverwendung zugelassen. Dennoch können auch nach der Fernsprechordnung von 1950 W-Anlagen ohne Amtswahl von den Industriefirmen erneut gebaut werden; hierfür gelten die Regel- und Ergänzungsausstattungen nach Abschnitt XI (Baustufe III S)[1].

Bei W-Anlagen ohne Amtswahl sind im Schrankteil der Vermittlungseinrichtung Anrufzeichen für die amtsberechtigten Teilnehmer vorgesehen. Diese erreichen die Amtsleitungen für abgehende Verbindungen nur durch Vermittlung. Die Anrufzeichen werden entweder durch Kennzahlwahl oder durch Tastendruck betätigt.

---

[1] Technische Bestimmungen für Fernsprech-Nebenstellenanlagen, Beilage 4.

155

Mittlere und Große W-Anlagen

Fragen und Antworten

F 137: Welche Vor- und Nachteile haben
a) die Tastenwahl,
b) die Kennzahlwahl in Mittleren W-Anlagen?

A: **Vorteile der Tastenwahl:**
Anlagen, bei denen die Amtsbelegungen durch
„Tastenwahl" vorgenommen werden, benötigen zwar
für den Aufbau der Amtsverbindung in der Regel nur
einen einfachen Handgriff; es ergeben sich aber bei
Anlagen mit Wählerzuteilung einige betriebliche
Nachteile, die bei der Beurteilung dieser Systeme
nicht außer Acht gelassen werden dürfen.

Nachteile der Tastenwahl:

1. Die Einheitlichkeit der Bedienung ist nicht
gewahrt, d. h. bei dieser Lösung kann nicht
immer der Tastendruck zur Belegung einer
Amtsleitung angewandt werden, so z. B. nicht, wenn
eine Rückfrage über eine andere Amtsleitung gehalten werden soll, denn der Teilnehmer muß nach
dem Tastendruck zur Einleitung der Rückfrage
doch eine Kennzahl wählen; da aber Rückfragen über andere Amtsleitungen nicht häufig
vorkommen, wird diese Kennzahl dem Teilnehmer
kaum geläufig sein, so daß ein Nachsehen im Fernsprechverzeichnis notwendig wird.

2. Beim Besetztsein aller Innenverbindungssätze sind
Rückfragen über eine zweite Amtsleitung
normalerweise nicht möglich, da ein Hilfsverbindungssatz nicht zur Verfügung steht.

3. Sind in einer Anlage Amtsleitungen vorhanden, die
nach verschiedenen Vermittlungsstellen (verschiedenen Ämtern) führen, so muß eine Amtsleitungsgruppe durch Tastendruck, die
anderen dagegen doch mittels Kennzahl belegt
werden.

Vorteile der Kennzahlwahl:

1. Die Bedienung ist einheitlich, d. h., wenn eine
Amtsleitung belegt werden soll, so ist hierfür stets
das Wählen einer Kennzahl vorgesehen. Dabei
spielt es keine Rolle, ob eine Amtsleitung für ein

abgehendes Amtsgespräch oder für eine Rückfrage belegt werden soll. Sind mehrere Amtsleitungsgruppen vorhanden, so erhält jede Gruppe eine besondere Kennzahl. Der Tastendruck wird nur für Einleiten oder Aufheben einer Rückfrageverbindung verwendet.

2. Auch beim Besetztsein aller Innenverbindungen ist das Belegen freier Amtsleitungen für Rückfragegespräche möglich. Hierbei wird der Teilnehmer, der Rückfrage über eine zweite Amtsleitung zu halten wünscht, selbsttätig auf einen Hilfsverbindungsweg geschaltet, der ihn nach Wählen der Amtskennzahl mit einer freien Amtsleitung verbindet.

Nachteile der Kennzahlwahl:
Für den Aufbau einer abgehenden Amtsverbindung ist etwas mehr Zeit erforderlich, weil der Nummernschalter betätigt werden muß.

F 138: Wird der Innenverkehr bei Anlagen mit Kennzahlwahl durch die Herstellung von Amtsverbindungen behindert?

A. Die Frage kann verneint werden. In Anlagen mit Tastenwahl und in Anlagen mit Kennzahlwahl findet zunächst beim Abheben des Handapparates die Belegung eines Innenverbindungssatzes statt.
Da sich die Tastenwahl rascher vollzieht als die Kennzahlwahl, wird der Verbindungssatz bei der Tastenwahl schneller freigegeben. In Anlagen mit Kennzahlwahl muß dagegen der Aufbau einer Amtsverbindung zwangsweise über einen Innenverbindungssatz eingeleitet werden, der jedoch nach Aufprüfen des Amtswählers sofort selbsttätig freigegeben wird.

F 139: Wie lange bleibt ein Innenverbindungssatz zur Einleitung einer Amtsverbindung in Anlagen mit Kennzahlwahl belegt?

A: Die Belegung dauert nur wenige Sekunden und fällt praktisch überhaupt nicht ins Gewicht.

F 140 Wird in Anlagen mit Kennzahlwahl der abgehende Amtsverkehr durch den Innenverkehr beeinträchtigt?

A: Die Frage ist absolut zu verneinen. Wenn sämtliche Innenverbindungssätze belegt sind, steht ein besonderer Hilfsverbindungssatz für den abgehenden Amtsverkehr zur Verfügung. Der Vorteil dieses Hilfsverbindungssatzes tritt gegenüber den Systemen mit Tastenwahl dann besonders in Erscheinung, wenn Rückfrage über eine andere Amtsleitung gehalten werden soll.

F 141· Kann es vorkommen, daß ein Hilfsverbindungssatz gleichzeitig von mehreren Teilnehmern begehrt wird?

A: In der Praxis wird dieser Fall kaum eintreten. Aber selbst wenn man mit dieser Möglichkeit praktisch rechnen müßte, so würde sie für den Teilnehmer nur eine belanglose, meistens überhaupt nicht wahrnehmbare Wartezeit bedeuten, da der Hilfsverbindungssatz nach erfolgter Amtswahl wieder freigegeben wird.

F 142· Wie verhielt sich die Deutsche Reichspost zur Frage der Tasten- oder Kennzahlwahl?

A: Die Deutsche Reichspost hat eine Reihe von Anlagen mit Tastenwahl erstellt. Dessen ungeachtet brachte sie später den Anlagen mit Kennzahlwahl erhöhtes Interesse entgegen. Man kann jedoch nicht behaupten, daß sie dem einen oder anderen System den Vorzug eingeräumt habe.

F 143: Haben die Systeme, bei denen die Amtswahl bzw. der Amtsverkehr über die gleichen Einrichtungen, die auch dem Innenverkehr dienen (über die sogenannten Innenverbindungssätze), abgewickelt wird, irgendwelche Schwächen?

A· Die Frage kann grundsätzlich verneint werden. Die Zugänglichkeit zu freien Amtsleitungen beim Besetztsein der Innenverbindungswege sind bei den Mittleren W-Anlagen durch eine oder mehrere Hilfsverbindungssätze sichergestellt, (vergl. Frage 140), oder es wird in diesen Fällen ein Innenverbindungssatz über die Regelausstattung hinaus kostenlos geliefert. Bei großen W-Anlagen wird diese Forderung nach der Regelausstattung überhaupt nicht erhoben.
Um zu vermeiden, daß sich Amts- und Innenverkehr gegenseitig beeinträchtigen, werden für den Amtsverkehr, je nach Art desselben, zusätzlich Amtsgruppen-

wähler (AGW), Gruppen- und auch Leitungswähler vorgesehen, wodurch sich (ohne Mehrkosten für den Teilnehmer) u. U. die Anzahl der Innenverbindungssätze erhöht.

F 144 : Trifft es zu, daß bei den vorstehend genannten Systemen stets komplette Verbindungssätze (bestehend aus AS, GW und LW) für den abgehenden Amtsverkehr zusätzlich in reichlicher Anzahl vorzusehen sind ?

A : Nein! Hierzu ein Beispiel aus der Praxis:
Eine Nebenstellenanlage (Große W-Anlage mit Amts-

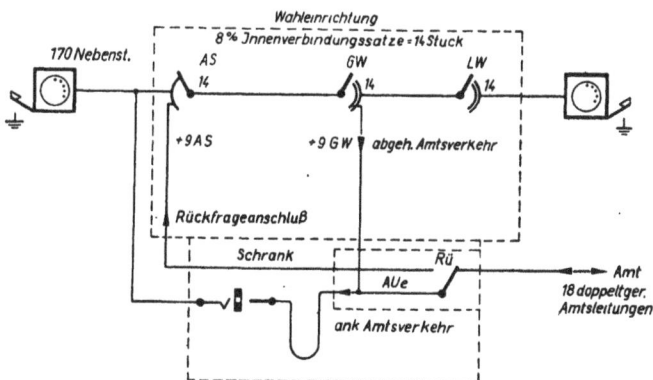

Abb. 55
Abgehende Amtsverbindungen über GW
Zuleitung ankommender Amtsverbindungen über Einschnürstöpsel

wahl) für 18 doppeltgerichtete Amtsleitungen und 170 Nebenstellen soll eingerichtet werden.

Für den ankommenden Amtsverkehr soll Einschnurzuteilung vorgesehen werden.

Bei einer derartigen Anlage (Abbildung 55) werden für den Innenverkehr benötigt:

8% Innenverbindungssätze = 14 Stück d. h.

14 Anrufsucher,
14 Gruppenwähler und
14 Leitungswähler.

Für den abgehenden Amtsverkehr sind zusätzlich erforderlich:

9 Gruppenwähler und

9 Anrufsucher (damit auf der Hälfte der Zahl der doppelt gerichteten Amtsleitungen abgehende Amtsgespräche geführt werden können).

Hieraus ergibt sich, daß für den abgehenden Amtsverkehr nicht immer komplette Verbindungssätze zusätzlich vorzusehen sind, sondern daß — wie in diesem Beispiel — zusätzliche Gruppenwähler und Anrufsucher genügen. (Bei einem Vorwähler-System wären sogar nur Gruppenwähler zusätzlich erforderlich).

F 145: Hat der Teilnehmer die nach vorstehendem Beispiel für den Amtsverkehr notwendigen Wähler (9AS+9GW) zu bezahlen?

A: Nein, alle Wähler, die von den Lieferfirmen zusätzlich für die Abwicklung des Amtsverkehrs eingebaut werden, werden nicht besonders berechnet.

F 146: Trifft es weiter zu, daß sich der Innenverkehr und der abgehende Amtsverkehr gegenseitig beeinträchtigen?

A: Hierzu ist zu sagen, daß theoretisch die Möglichkeit einer gegenseitigen Beeinträchtigung im Spitzenverkehr gegeben ist.

Die Voraussetzung für eine gegenseitige Beeinträchtigung ist aber, daß in der Hauptverkehrszeit auf mehr als der Hälfte der Amtsleitungen abgehende Amtsgespräche begehrt werden und gleichzeitig im Innenverkehr eine Spitze auftritt oder daß im Innenverkehr mehr als zum Beispiel 8% Innengespräche abgewickelt werden sollen und gleichzeitig im Amtsverkehr eine Spitze auftritt.

Erfahrungsgemäß werden Spitzen aber entweder im Innenverkehr oder im Amtsverkehr, selten aber gleichzeitig vorhanden sein.

Aber bei jedem Selbstanschluß-System besteht theoretisch die Möglichkeit, daß eine Verkehrsspitze nicht aufgenommen werden kann. Praktisch treten derartige Fälle aber nur ganz vereinzelt (zufallsweise) auf.

Man rechnet in Anlagen mit bis zu 100 Sprechstellen, daß gleichzeitig nicht mehr als 10 Gespräche geführt

werden (10%). Selbst wenn man eine derartige Anlage
mit 14prozentiger Verbindungsmöglichkeit ausrüsten
wollte, so muß man zugeben, daß theoretisch der
Fall eintreten kann, daß alle 14 Verbindungssätze
belegt sind. Dennoch werden bei der Bemessung der
Zahl der Verbindungssätze stets die Erfahrungswerte
zugrunde gelegt. Keinesfalls wird man etwa eine
derartige Anlage mit 50 Verbindungssätzen ausrüsten,
damit gegebenenfalls alle 100 Teilnehmer gleichzeitig
sprechen können, sondern man wird derartige Verluste in Kauf nehmen.

Auf das vorstehende Beispiel bezogen, heißt das, daß
theoretisch eine gegenseitige Beeinträchtigung des
Innen- und Amtsverkehrs eintreten kann, jedoch
werden sie bei richtiger Bemessung der Verbindungssätze nach der Fernsprechordnung den Anlagen, bei
denen Amtswähler für jede Amtsleitung vorgesehen
sind, praktisch nicht nachstehen.

F 147: Haben die Systeme mit Kennzahlwahl, bei denen die
abgehenden Verbindungen über die Innenverbindungswege aufgebaut werden, in manchen Fällen Vorzüge?
Welche Vorzüge sind dies?

A: Hierzu soll wieder auf das erwähnte Beispiel (Antwort 144) zurückgegriffen werden. Es sei aber angenommen, daß nicht eine Anlage mit Amtswahl und
Schnurzuteilung, sondern eine solche mit Amtswahl
und Wählerzuteilung erstellt werden soll. Die ankommenden Amtsverbindungen sollen also nicht über
Schnüre, sondern über Wähler vermittelt werden. In
diesem Falle sind für die Abwicklung des ankommenden Amtsverkehrs noch zusätzlich für jede Amtsleitung ein Gruppenwähler[1]) und für die Hälfte der Zahl
der doppeltgerichteten Amtsleitungen Leitungswähler
vorzusehen. Die Anlage würde dann insgesamt umfassen:

14 + 9 = 23 Anrufsucher.
14 + 9 = 23 Gruppenwähler.

---

[1]) Die Regelausstattung schreibt zwar auch hier nur für die Hälfte der
Zahl der doppeltgerichteten Amtsleitungen zusätzliche Gruppenwähler vor. Das wären in vorstehendem Beispiel 9 Stück. Zu diesen
kämen dann allerdings 9 Anrufsucher hinzu, die bei einer festen Zuordnung von 1 GW je Amtsleitung entfallen. Bei der festen Zuordnung
eines GW je Amtsleitung ergibt sich aber bei gleichem Wähleraufwand
der Vorteil, daß infolge Fehlens der AS die Einstellzeit der Anrufsucher
bei der Weitervermittlung einer ankommenden Amtsverbindung
entfällt.

+ 18 Gruppenwähler den Amtsleitungen fest
zugeordnet (AGW),

14 + 9 = 23 Leitungswähler.

(Vergleiche hierzu Abbildung 55).

Aus der Aufstellung ergibt sich, daß 23 komplette
Innenverbindungswege zur Verfügung stehen, d. h.
der Teilnehmer kann auch den größten Teil
der für den Amtsverkehr zusätzlich vorgesehenen Verbindungsorgane für den Innenverkehr benutzen. Bei einem System mit Amtswählern ständen ihm dagegen nur die 14 Verbindungssätze für den Innenverkehr zur Verfügung, die er
bezahlt, da über die Amtswähler Innenverkehr nicht
abgewickelt werden kann.

F 148: Wieviel Verbindungssätze für den Innenverkehr müssen in einer mittleren W-Nebenstellenanlage für
50 Teilnehmer vorgesehen werden?

A: In einer mittleren W-Nebenstellenanlage müssen
nach der Fernsprechordnung zur Abwicklung des
internen Sprechverkehrs für 50 Teilnehmer: 10% der
Zahl der eingebauten Anschlußorgane für Nebenstellen an Innenverbindungssätzen vorgesehen werden,
das sind 5 Stück. Abweichend hiervon sind bereits
bei einer Ausrüstung der Anlage mit nur 40 Anschlußorganen für Nebenstellen als Mindestausstattung
5 Innenverbindungssätze zu liefern.

F 149: Woraus besteht ein Innenverbindungssatz in einer
Anrufsucher-Zentrale?

A: Der Innenverbindungssatz einer mittleren W-Nebenstellenanlage nach dem Anrufsucherprinzip besteht aus einem Anrufsucher, der mit einem Leitungswähler durch einen Relaissatz elektrisch verbunden
ist (siehe auch Seite 165, 166).

F 150: Was geschieht, wenn bei einem Anrufsuchersystem
ein Teilnehmer seinen Handapparat abnimmt?

A: Wenn ein Teilnehmer seinen Handapparat abnimmt,
wird in der Zentrale selbsttätig ein freier Verbindungsweg belegt.

F 151: Wie erfolgt in Anrufsucher-Zentralen die Anschaltung
eines freien Innenverbindungssatzes an die Leitung
des rufenden Teilnehmers?

A: Der Anruf des Teilnehmers (Abheben des Handapparates) bewirkt, daß der Anrufsucher eines freien Verbindungssatzes in Tätigkeit gesetzt wird und seine Schaltarme solange über die Kontaktsegmente (auf denen die Anschlüsse der Teilnehmer liegen) dreht, bis sie auf dem Anschluß des anrufenden Teilnehmers stehen. Der Teilnehmer erhält dann das Wählzeichen. Jetzt ist der Anruf aufgenommen, d. h. der rufende Teilnehmer kann mit der Wahl beginnen (siehe auch Seite 165/166).

F 152: Wie lange dauert es, bis sich der Anrufsucher eingestellt hat?

A: Der Vorgang der Einstellung spielt sich machmal in verhältnismäßig kurzer Zeit ab, so daß in besonders günstigen Fällen schon dann, wenn der Teilnehmer den Hörer an sein Ohr gelegt hat, die Einstellung bewirkt ist; jedoch muß stets das Wählzeichen beachtet und abgewartet werden, da die Einstellzeit jeweils von der Stellung des Anrufsuchers abhängig ist.

F 153: Was hat der Teilnehmer zu tun, und was geschieht, wenn ein Amtsgespräch in abgehender Richtung geführt werden soll? (Anlage mit AW und Kennzahlwahl).

A: Will der Teilnehmer ein Amtsgespräch führen, so wählt er die Amtskennzahl. Hierdurch wird bewirkt, daß der Amtswähler einer freien Amtsleitung in Tätigkeit tritt, der seine Schaltarme solange dreht, bis er den Teilnehmeranschluß gefunden hat, von dem aus die Kennzahl gewählt wurde (siehe auch Seite 132).

F 154: Bleibt der Innenverbindungssatz während der Dauer des Amtsgespräches belegt?

A: Nein, nach Einstellung des Amtswählers wird der Innenverbindungssatz selbsttätig freigegeben und steht für neue Anrufe zur Verfügung.

Systemunterschiede

Allgemeines

Der Verfasser versteht unter einem System eine Zusammenstellung, die ein abgeschlossenes Ganzes bildet, und der auch mehrere Prinzipien (Grundsätze) zugrunde liegen können.

Unter diesem Gesichtspunkt müßten in diesem Abschnitt die vergleichbaren Systeme von Nebenstellenanlagen als in sich geschlossene Gebilde gegenübergestellt und betrachtet werden. Hierbei wären die zu Tage tretenden Vor- und Nachteile der betreffenden Systeme sorgfältig gegeneinander abzuwägen, wobei man nicht vorschnell ein Gesamturteil abgeben sollte. Schon die im Abschnitt „Unterschiedliche Ausführungen von W-Anlagen im Rahmen der Regelausstattung" gemachten Ausführungen dürften bereits gezeigt haben, daß es nicht angeht, einen Unterschied zwischen Nebenstellenanlagen herauszugreifen, um ein Werturteil zugunsten der einen oder der anderen Ausführung zu fällen. Es sei daher nochmals betont: „Jedes System muß als geschlossenes Ganzes beurteilt werden".

Dieses umfangreiche Thema würde jedoch den diesem Buch gezogenen Rahmen erheblich überschreiten. Daher werden hier nur weitere Prinzipunterschiede beschrieben, um die Leser weiter anzuregen, an Hand der Fachliteratur oder an Hand von technischen Druckschriften der Industriefirmen Systemvergleiche, d. h. Vergleiche der kompletten Nebenstellenanlagen selbst vorzunehmen.

Ein Vergleich der Verkehrsmöglichkeiten verschiedener Nebenstellensysteme der gleichen Baustufen erübrigt sich, da bereits nach Inkrafttreten der Fernsprechordnung vom 24. 11. 1939 allen deutschen Lieferfirmen einheitliche Leistungen (Regelbedingungen) vorgeschrieben waren bzw. nach der Fernsprechordnung von 1950 erneut vorgeschrieben sind. Die nachstehenden Vergleiche werden sich daher wiederum nur auf einige bei Nebenstellenanlagen vorkommende unterschiedliche Prinzipien erstrecken.

Vorwähler oder Anrufsucher

Von der Fernsprechindustrie werden seit Jahren verschiedene Ausführungen von W-Anlagen geliefert, z. B. solche nach dem Vorwählerprinzip und solche nach dem Anrufsucherprinzip.

Ausdrücklich sei bemerkt, daß es sich hierbei ganz allgemein um zwei grundsätzlich technisch unterschiedliche Ausführungen handelt, nicht aber um die Systeme verschiedener Wettbewerbsfirmen. Die Unterschiede werden nachstehend nochmals kurz gegenübergestellt.

Als Vorwähler werden im allgemeinen Drehwähler verwendet, d. h. Wähler, deren Schaltarme über 10 (11) Ausgänge (Kontakte) hinweggleiten können (Abb.56). Jedem Teil-

nehmer ist ein Vorwähler zugeordnet, welcher die Aufgabe hat, dem Teilnehmer, der ein Gespräch führen will, einen freien Verbindungssatz auszusuchen. Die Teilnehmeranschlußleitungen liegen an den Schaltarmen der Wähler, während die Ausgänge (Kontaktlamellen der Kontaktbänke) zu den Verbindungssätzen führen. Beim Abnehmen des Handapparates setzt sich der Vorwähler sofort selbsttätig in Bewegung und dreht seine Schaltarme so lange über seine Kontaktbänke, bis er einen Ausgang zu einem freien Verbindungssatz gefunden hat. Im ungünstigsten Falle wird er also 10 Schritte zurücklegen müssen (Abbildung 57).

Beim Anrufsucher-prinzip dagegen ist jedem Verbindungs-satz ein Wähler (An-

Abb. 56
11teiliger Vorwähler

rufsucher) zugeordnet (Abbildung 58). Die Teilnehmeranschlußleitungen liegen an den Kontaktlamellen oder Kontaktbänken (an den Wählerausgängen), während die Schaltarme

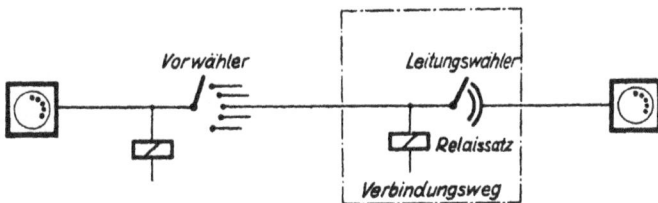

Abb. 57

(bei Anlagen für 100 Teilnehmer) direkt zum Leitungswähler führen (Abb. 59). Der Leitungswähler ist ein Bestandteil des Verbindungssatzes (Verbindungsweges).

Auch der Anrufsucher setzt sich selbsttätig beim Abnehmen des Handapparates in Bewegung und dreht seine Schaltarme so lange, bis diese auf der Kontaktlamelle stehen, an die der rufende Teilnehmer angeschlossen ist. Werden Drehwähler mit z. B. 50 Ausgängen (z. B. 50teilig) als Anrufsucher verwendet, die den Anschluß von 50 Teilnehmern gestatten, so muß der Anrufsucher im ungünstigsten Falle 50 Schritte zurücklegen, bevor er den Anrufenden gefunden hat.

Abb. 58
50teiliger Anrufsucher

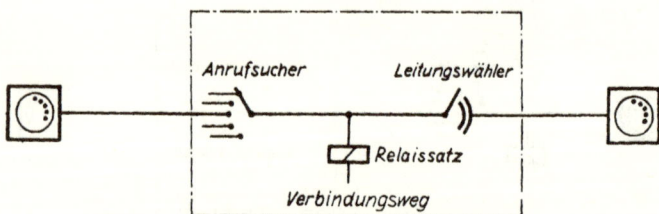

Abb. 59

Die Frage, welches der beiden Prinzipien das bessere sei, läßt sich nicht ohne weiteres zugunsten der einen oder anderen Ausführung beantworten, ebensowenig wie etwa die Frage, ob bei Motoren das Zweitakt- oder das Viertaktprinzip das zweckvollere ist, da sie auch stark abhängig ist, von der Größe der Anlage.

Vorwähler bieten zweifelsohne die schnellste Verkehrsabwicklung. Auch ergeben sich wirtschaftliche Vorteile, wenn es gilt, eine Anlage an geänderte Verkehrsverhältnisse (Verkehrsdichte) anzupassen.

Bei Anrufsuchern kommt es stets auf den Verwendungszweck, bzw. auf die Schrittgeschwindigkeit an.

Wo es möglich 'ist, kleine Gruppen zu bilden, wo also nur wenig Ausgänge (Kontakte) zu überfahren sind, können Anrufsucher mit gutem Erfolg Verwendung finden; das ist z. B. in kleinen und mittleren W-Anlagen der Fall.

Für große Gruppen dagegen, wie sie z. B. in öffentlichen W-Ämtern vorkommen, eignen sich als Anrufsucher nur Wähler, die mit sehr großer Schrittgeschwindigkeit arbeiten, wie z. B. Motorwähler.

Durch Verwendung des vielkontaktigen, sehr schnell drehenden Siemens-Motorwählers, können Anrufsucheranordnungen geschaffen werden, die in' bezug auf die Geschwindigkeit der Durchschaltung den Vorwähleranordnungen gleichwertig sind.

Es wäre also nicht angängig, für Nebenstellenanlagen das Anrufsucherprinzip als ausschließlich geeignet zu bezeichnen.

Schnurlose Vermittlung (Baustufe III W) oder Schnurvermittlung (Baustufe III S)

Auch hier handelt es sich nicht um unterschiedliche Systeme verschiedener Firmen, sondern um unterschiedliche Prinzipien, nach denen die Zuteilung ankommender Amtsverbindungen an die Nebenstellenteilnehmer vorgenommen wird, wie das bereits im Abschnitt ,,Unterschiedliche Ausführungen von W-Anlagen mit Amtswahl im Rahmen der Regelausstattung" erläutert worden ist. Die Anwendung der beiden verschiedenartigen Prinzipien:

Vermittlung der ankommenden Amtsverbindungen schnurlos mittels Zahlengeber (oder Nummernschalter)

und

Vermittlung der ankommenden Amtsverbindungen mittels Schnurstöpsel über Klinken

erfordern bei der Fertigung der Vermittlungseinrichtungen unterschiedlichen Aufwand. Aus diesem Grunde sind sie auch in der Fernsprechordnung unterschiedlich behandelt worden. Als Ergebnis ist festzustellen, daß die Fernsprech-Gebührenvorschriften der Deutschen Post für Fernsprech-

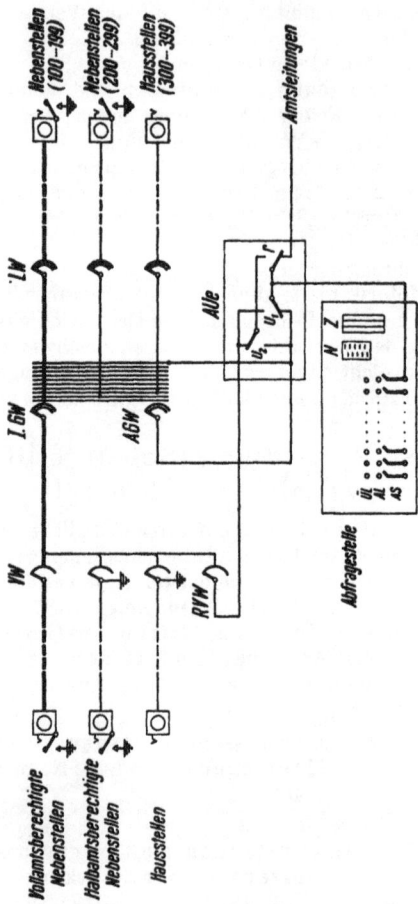

Abb. 60

Verkehrsplan einer Großen W-Anlage mit Amtswahl und Wählerzuteilung
(schnurlose Vermittlung ankommender Amtsverbindungen mittels Zahlengeber oder
Nummernschalter) Baustufe III W

anlagen nach der Baustufe III S (Schnurvermittlung) niedrigere Gebühren vorsehen als für Anlagen nach der Baustufe III W (Wählerzuteilung).

Dennoch darf in beiden Fällen als Wähleinrichtung entweder eine nach dem Anrufsucherprinzip oder eine solche nach dem Vorwählerprinzip von der betreffenden Lieferfirma erstellt werden.

Weiterhin ist in der Fernsprechordnung nicht vorgeschrieben, ob bei der Baustufe III S die Schnurvermittlung nach dem Einschnurprinzip oder nach dem Zweischnurprinzip auszuführen ist. (Unterschiede siehe Abschnitt: ,,Nebenstellenanlagen mit Handvermittlung für alle Gespräche, Fragen und Antworten").

Wenn nur die vorstehenden Unterschiede zugrunde gelegt werden, müssen bei einem Systemvergleich zwischen Neben-

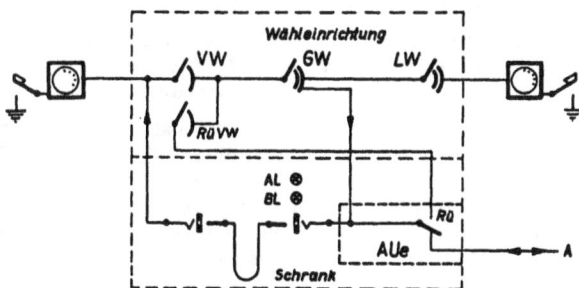

Abb. 61
Vermittlung ankommender Amtsverbindungen über Schnurpaare
(Baustufe III S)

stellenanlagen nach der Baustufe III W und solchen nach der Baustufe III S folgende Kombinationen bei der Gesamtbeurteilung berücksichtigt werden:

III S Schrank nach dem Einschnurprinzip —
                    Wähleinrichtung: Anrufsucher
      Schrank nach dem Einschnurprinzip —
                    Wähleinrichtung: Vorwähler
      Schrank nach dem Zweischnurprinzip —
                    Wähleinrichtung: Anrufsucher
      Schrank nach dem Zweischnurprinzip —
                    Wähleinrichtung: Vorwähler

III W Vermittlungstische ohne Zahlengeber —
      für Nummernschaltervermittlung
                    Wähleinrichtung: Anrufsucher

Vermittlungstische ohne Zahlengeber
für Nummernschaltervermittlung —
Wähleinrichtung: Vorwähler
Vermittlungstische mit Zahlengeber —
Wähleinrichtung: Anrufsucher
Vermittlungstische mit Zahlengeber —
Wähleinrichtung: Vorwähler

Darüber hinaus kommen andere Unterschiede hinzu, von denen einige gleichfalls in diesem Buch behandelt sind, und die keineswegs außer Acht gelassen werden dürfen. Die Frage, ob

ankommende Amtsverbindungen über Schnüre (oder andere handbediente Schaltungsmittel)

aufzubauen besser ist, als das Prinzip,

ankommende Amtsverbindungen schnurlos über Wähler, die mittels Zahlengeber oder Nummernschalter gesteuert werden,

abzuwickeln, ist eine Frage der Zweckmäßigkeit in jedem Einzelfall. Die schnurlose Zuteilung über Wähler mittels Zahlengeber dürfte in der neuzeitlichen Wählertechnik überwiegend anzutreffen sein. Nur in besonders gelagerten Fällen, wenn auf bestimmte Eigenheiten eines Betriebes oder einer Verwaltung Rücksicht zu nehmen ist, wird man auf die Schnurvermittlung zurückgreifen.

Aus diesem Grunde hat z.B. die Siemens & Halske Aktiengesellschaft neben ihren Groß-Neha-Wählanlagen mit Zahlengeber für schnurlose Vermittlung auch Schrankanlagen in ihrem Fertigungprogramm weiterhin berücksichtigt. Auch bei der Telefonbau und Normalzeit G. m. b. H. sind Anlagen für Schnurvermittlung (Rekord-Anlage) und Anlagen für Zuteilung mittels Nummernschalter über Wähler (Universal-Zentrale) vorgesehen.[1]

Es wäre also abwegig, wollte man z. B. das Prinzip der Schnurvermittlung oder umgekehrt das Prinzip der Wählerzuteilung als das allein für Nebenstellenanlagen richtige Prinzip bezeichnen. Beide Ausführungsarten, die schnurlose Zuteilung über Wähler ebenso wie in besonderen Fällen die Schnurvermittlung, haben ihre Berechtigung. Aufgabe der Berater ist es, dem Interessenten die für ihn im Einzelfall geeignete Anlage vorzuschlagen.

[1] Vergleiche Fernmeldetechnik der Telefonbau und Normalzeit, Brückenverlag Hans Enz, Frankfurt/Main.

Nachstehend sollen in der Form von **Fragen und Antworten** noch einige Prinzipunterschiede behandelt werden.

F 155: Wie erfolgt die Zuteilung eines freien Verbindungsweges an einen anrufenden Teilnehmer in einer Anlage nach dem Anrufsucher-Prinzip? Sind bestimmten Teilnehmergruppen nur ihnen fest zugeordnete Verbindungswege zugänglich oder stehen sämtliche Verbindungswege allen Teilnehmern zur Verfügung?

A: Allen Teilnehmern stehen sämtliche vorhandene Verbindungswege zur Verfügung. Die Verteilung der freien Verbindungswege kann z. B., wie nachstehend beschrieben, durch eine Relais-Anordnung vorgenommen werden.

Je 10 Teilnehmer sind zu einer Gruppe zusammengefaßt. Jeder Gruppe wird ein Verbindungsweg zugeordnet, den die Teilnehmer der betreffenden Gruppe in der Regel in Anspruch nehmen, sofern er nicht bereits anderweitig besetzt ist.

Die Verbindungswege werden wie folgt belegt:

a) Teilnehmer Gruppe Nr. 10—19 = 1. Verbindungsweg
,, ,, ,, 20—29 = 2. ,,
,, ,, ,, 30—39 = 3. ,,
,, ,, ,, 40—49 = 4. ,,
,, ,, ,, 50—59 = 5. ,,

b) Wenn der erste Verbindungsweg besetzt ist, so wird ein Teilnehmer der Gruppe 10—19 auf den 2. Verbindungsweg geschaltet, oder, falls dieser ebenfalls besetzt sein sollte, auf den 3. Verbindungsweg usw.

Wenn der 5. Verbindungsweg belegt ist, so wird ein Teilnehmer der Gruppe 50—59 auf den 1. Verbindungsweg geschaltet oder, falls dieser auch belegt sein sollte, auf den 2. Verbindungsweg usw.

Es gilt für die Verteilung folgendes Schema:

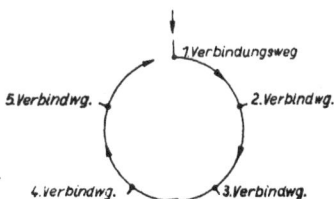

Abb. 62

F 156: Gibt es noch andere technische Lösungen anrufenden Teilnehmern einen freien Verbindungsweg zuzuordnen?

A: Ja, es gibt Schaltungsanordnungen, bei denen eine derartige Gruppenbildung nicht vorgesehen ist. Hier wird vielmehr eine Verteilung der Anrufe durch ein zusätzliches Schaltwerk (Wählerverteiler, Rufordner oder auch Anrufverteiler genannt) vorgenommen.

F 157: Wie geht bei Fernsprecheinrichtungen mit zusätzlichen Schaltwerken die Verteilung der Anrufe vor sich?

A: Die Verteilung der Anrufe geht so vor sich, daß ohne Rücksicht auf die Anschlußnummer des Teilnehmers die Verteilung der Anrufe auf die vorhandenen Verbindungswege (1—5) nach der zeitlichen Reihenfolge der eintreffenden Anrufe vorgenommen wird. So wird z. B. (je nach Stellung des Schrittschaltwerkes)

der 1. Anruf auf den 3. Verbindungsweg gegeben,
,, 2. ,, ,, ,, 4. ,,
,, 3. ,, ,, ,, 5. ,,
,, 4. ,, ,, ,, 1. ,,
,, 5. ,, ,, ,, 2. ,, usw.

Bei dieser Verteilung werden z. Zt. etwa belegte oder gestörte Verbindungswege übersprungen.

F 158: Kann man behaupten, daß bei einer Verteilung der Anrufe mittels eines zusätzlichen Schaltwerkes eine gleichmäßige Belegung aller Verbindungswege erfolgt, während bei der Zuteilung mittels einer Relaisanordnung einige Verbindungswege besonders in Anspruch genommen werden, dagegen andere nur zeitweilig in Funktion treten?

A: Eine derartige Behauptung wäre abwegig. Würde es zutreffen, daß bei der Zuteilung durch eine Relaisanordnung einige Verbindungswege besonders und andere wenig in Anspruch genommen werden, so wären folgende Voraussetzungen nötig:

1. Die Anschlüsse der Vielsprecher müßten in bestimmten Teilnehmergruppen liegen (angenommen in den Gruppen 1, 3 und 5).

2. Aus den restlichen Teilnehmergruppen (2 und 4) dürfen nur selten Amts- oder Innengespräche geführt werden.

3. Aus jeder Teilnehmergruppe dürfte zeitlich stets nur ein Gespräch begehrt werden. Es ist unwahrscheinlich, daß in einer Teilnehmergruppe immer nur 1 Teilnehmer ein Gespräch führt und erst nach Beendigung dieses Gespräches ein anderer Teilnehmer dieser Gruppe seinerseits sprechen will. Es wird vielmehr so sein, daß in jeder Teilnehmergruppe zu bestimmten Zeiten gleichzeitig Gespräche von mehreren Teilnehmern begehrt werden.

Daraus ergibt sich, daß eine besondere Inanspruchnahme einzelner Verbindungswege bei der Relaisanordnung nicht stattfindet, sondern daß sich der gesamte Sprechverkehr auf alle zur Verfügung stehenden Sprechwege verteilt.

Auch bei dem zuletzt beschriebenen Prinzip mit besonderen Schaltwerken ist keineswegs gewährleistet, daß eine absolut gleichmäßige Inanspruchnahme der einzelnen Verbindungswege sichergestellt ist. Dies wird sofort klar, wenn man einen Extremfall annimmt, in welchem während der Hauptverkehrszeit zwei „Dauersprecher" ihre Gespräche — angenommen von je 30 Minuten — abwickeln. Die von den „Dauersprechern" belegten Verbindungswege werden also während der Hauptverkehrszeit dem Verkehr entzogen und damit die übrigen Verbindungswege wesentlich häufiger beansprucht und demzufolge mehr abgenutzt.

F 159: Kann demnach behauptet werden, daß die Verteilung der Anrufe durch eine Relaisanordnung besser ist als die Verteilung durch einen Anrufverteiler, Rufordner usw.?

A: Auch das kann nicht behauptet werden. Es kann gesagt werden, daß beim Prinzip der Relaisanordnung unter Berücksichtigung der allgemeinen Sprechverhältnisse eine möglichst gleichmäßige Benutzung der zur Verfügung stehenden Verbindungswege mit größter Wahrscheinlichkeit gewährleistet ist.

W-Unteranlagen

Allgemeines

Eine W-Unteranlage ist eine Zweitnebenstellenanlage mit einer W-Vermittlungseinrichtung, für die keine Abfragestelle erforderlich ist; sie heißt daher auch „bedienungslose W-Unteranlage". Eine W-Unteranlage ist also keine selbständige Nebenstellenanlage, da für sie keine eigenen Amtsleitungen vorgesehen sind. Der Untereinanderverkehr der an sie angeschlossenen Zweitnebenstellen sowie der Verkehr mit und von den Nebenstellen der Hauptanlage wickelt sich vollselbsttätig ab. Auch der abgehende Amtsverkehr, für den die Amtsleitungen der Hauptanlage benutzt werden, und der sich gleichfalls über die Leitungen zwischen Haupt- und Unteranlage abspielt, bedarf keiner Vermittlung. Die ankommenden Amtsverbindungen werden von der Abfragestelle der Hauptanlage aus direkt — ohne nochmalige Vermittlung bei der Unteranlage — an die Zweitnebenstellen weitergegeben. Die Hauptanlage muß stets eine W-Anlage sein. Auch die an die bedienungslose W-Unteranlage angeschlossenen Nebenstellen können voll, halb oder nicht amtsberechtigt sein. Eine W-Anlage mit Abfragestelle, die als Zweitnebenstellenanlage an eine Hauptanlage angeschlossen ist, ist keine W-Unteranlage.

Außer den amtsberechtigten Nebenanschlußleitungen zur Hauptanlage, die bei W-Unteranlagen an die Stelle der Amtsleitungen treten, können auch weitere nicht amtsberechtigte Leitungen zur Hauptanlage vorgesehen werden. Über diese können dann — mit Durchwahl in beiden Richtungen — nur Innengespräche zwischen Unteranlage und Hauptanlage geführt werden.

In der Beilage 4 der „Technische Bestimmungen für Fernsprech-Nebenstellenanlagen" sind Regel- und Ergänzungsausstattungen im Abschnitt XIII für

W-Unteranlagen mit 1 amtsberechtigten Nebenanschlußleitung zur Hauptanlage und 2—9 Nebenstellen (Kleine W-Unteranlagen)

und im Abschnitt XIV für

W-Unteranlagen mit 2—10 amtsberechtigten Nebenanschlußleitungen zur Hauptanlage und 15—100 Nebenstellen (Mittlere W-Unteranlagen)

festgelegt.

174

Regel- und Ergänzungsausstattung für Mittlere W-Unteranlagen

A. Regelausstattung

1. Es werden die Baustufen II B/C, II D, II E und II G der mittleren W-Anlagen mit Amtswahl nach Abschnitt X der Regelausstattung verwendet, wobei an die Stelle der Amtsleitungen die Nebenanschlußleitungen zur Hauptanlage treten.

   Anmerkung d. V: Das ist nicht so aufzufassen, daß sich die Wähleinrichtung der genannten Baustufen II B/C bis II G, für die ja eine Abfragestelle erforderlich ist, als bedienungslose W-Unteranlagen verwenden lassen. Es soll vielmehr zum Ausdruck kommen, daß für mittlere W-Unteranlagen ausbaumäßig die Baustufen II B/C, II D, II E und II G in Betracht kommen.

2. Innenverbindungen und Verbindungen über die amtsberechtigte Leitung zur Hauptanlage vollselbsttätig.

3. Die Nebenstellen der Unteranlage können voll amtsberechtigt, halb amtsberechtigt und nicht amtsberechtigt sein. Auch die nicht amtsberechtigten Nebenstellen dürfen alle oder zum Teil über die amtsberechtigten Leitungen mit den Nebenstellen der Hauptanlage verbunden werden. Nachtverbindungen mit dem Amt nur für voll amtsberechtigte Nebenstellen.

4. Jederzeitige Zugänglichkeit zu freien amtsberechtigten Leitungen zur Hauptanlage für abgehende Amtsverbindungen; sie darf auch für die übrigen abgehenden Gesprächsverbindungen zur Hauptanlage vorhanden sein. Wenn die Forderung der jederzeitigen Zugänglichkeit zu freien amtsberechtigten Leitungen nicht erfüllt ist, wird ein Verbindungssatz über die Regelausstattung hinaus ohne Gebührenberechnung geliefert.

5. Sichtbare Zeichengabe über den Verbindungszustand, wenn ankommende Amtsverbindungen von der Abfragestelle der Hauptanlage in Durchwahl zu den Nebenstellen der Unteranlage weiter vermittelt werden. Die ankommenden Amtsverbindungen dürfen in der Unteranlage nicht über die Innenverbindungssätze führen. Für die auf den amtsberechtigten Leitungen ankommenden anderen Verbindungen nach Nebenstellen ist die Benutzung der Innenverbindungssätze zugelassen.

6. Möglichkeit der Ankündigung eines Amtsanrufs durch die Abfragestelle der Hauptanlage ohne Mithörmöglichkeit des anrufenden Teilnehmers. Bei besetzter Nebenstelle Aufschaltung mit hörbarem Zeichen.

7. Wartestellung für ankommende Amtsverbindungen mit selbsttätiger Durchschaltung, wenn Nebenstelle frei wird.

8. Rückfragemöglichkeit bei Amtsgesprächen für die Nebenstellen nach den anderen Nebenstellen der Unteranlage und auf Wunsch des Teilnehmers über eine andere Leitung zur Hauptanlage nach der Abfragestelle und den Nebenstellen der Hauptanlage. Die gleiche Rückfragemöglichkeit darf den Nebenstellen (auch den nicht amtsberechtigten) bei anderen Gesprächen gegeben werden, die über die amtsberechtigten Leitungen geführt werden.

9. Selbsttätiges Umlegen einer Amtsverbindung von Nebenstelle zu Nebenstelle nur zwischen Nebenstellen der Unteranlage, nicht aber von Nebenstellen der Hauptanlage zu Nebenstellen der Unteranlage und umgekehrt. Die Möglichkeit des selbsttätigen Umlegens zu amtsberechtigten Nebenstellen darf auch für andere Gespräche bestehen, die auf den amtsberechtigten Leitungen zur Hauptanlage geführt werden.

10. Eintretezeichen für die Abfragestelle der Hauptanlage bei Amtsverbindungen oder Nichtauslösen von Amtsverbindungen in der Tagesschaltung und erneuter Anruf bei der Hauptstelle, wenn bei der Nebenstelle während der Rückfragestellung in der Unteranlage der Hörer aufgelegt wird. Es können auch beide Leistungen erfüllt sein.

11. Für jede amtsberechtigte Leitung Einzelnachtschaltung zu einer Nebenstelle (ohne Aufschaltemöglichkeit nach Nr. 6). Die Nebenstellen bleiben für andere Nebenstellen der Unteranlage erreichbar.

12. Anzeige des Ansprechens von Sicherungen durch einen ausschaltbaren Wecker oder eine Lampe.

13. Stromversorgung wie bei Hauptanlagen gleicher Größe. Lade- oder Betriebstrom aus dem Starkstromnetz zu Lasten des Teilnehmers.

14. Anschluß auch an Hauptanlagen möglich mit anderer Batteriespannung als die der Unteranlage.

B. Ergänzungsausstattung

1. Aufschaltemöglichkeit für einzelne Nebenstellen der Unteranlage auf besetzte Nebenstellen der Unteranlage (auch mit hörbarem Zeichen)

   a) bei Verwendung der vorhandenen Verbindungssätze,
   b) bei Verwendung zusätzlicher Einrichtungen.

2. Einmalige selbsttätige Weiterschaltung eines bei einer Nebenstelle der Unteranlage eingehenden Rufs zu einer anderen Nebenstelle der Unteranlage.

3. Ergänzungseinrichtung für besondere nicht amtsberechtigte Leitungen zur Hauptanlage mit Durchwahl in beiden Richtungen. Durch jede Leitung wird ein Anschlußorgan belegt. (Die Ergänzungseinrichtung stimmt mit der für Querverbindungen benutzten überein).

4. Übertragungen oder andere technische Maßnahmen für amtsberechtigte Leitungen zur Hauptanlage mit einem Widerstand von mehr als 2×200 Ohm, soweit erforderlich.

5. Ersatz für den Ruf- und Signalstromerzeuger mit Handumschaltung oder mit selbsttätiger Umschaltung.

6. Prüfschrank mit Prüfstöpsel.

7. Einrichtung zur Anschaltung von Nebenanschlüssen oder Querverbindungen als Sammelanschlüsse.

8. Allgemein verwendbare Ergänzungsausstattung (siehe Abschnitt XV der Beilage 4).

Zusatzeinrichtungen

Allgemeines

Nebenstellenanlagen können nicht nur durch die in der Fernsprechordnung aufgeführten Ergänzungseinrichtungen weiter ausgestaltet werden, sondern auch durch Zusatzeinrichtungen. Nach der Fernsprechordnung sind Zusatzeinrichtungen solche Einrichtungen, die mit Haupt- oder Nebenstellen elektrisch verbunden werden, ohne daß sie zu deren Regelausstattung (bzw. Ergänzungsausstattung) gehören; sie müssen von der Deutschen Post zugelassen sein.

Als Zusatzeinrichtungen gelten z. B.:

Anschlußdosen,
Zweite Handapparate,
Zweite Sprechapparate,
Starkstromanschalterelais (Abb. 63),
Zahlengeber für Sprechstellen (Abb. 66/66a),
Lauthörgeräte,
Apparate zur Aufzeichnung von Gesprächen u. a. m.

Für private Zusatzeinrichtungen (solche, die nicht von der Deutschen Post beschafft sind), die ausnahmsweise an eine

177

post- oder teilnehmereigene Fernsprecheinrichtung angeschaltet werden, wird als Ausgleich für die Mehrleistung
für die Prüfung von der Deutschen Post eine monatliche Gebühr erhoben.

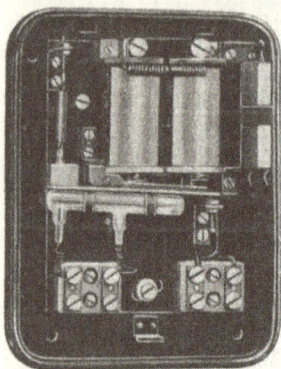

Zusatzeinrichtungen dürfen
auf anderen Grundstücken als
dem ihrer Sprechstelle nur angebracht werden, wenn keine
Betriebsschwierigkeiten zu be-
fürchten sind.

Die posteigenen und teil-
nehmereigenen Zusatzeinrichtungen werden von der Deutschen Post instand gehalten.
Die Instandhaltung der privaten Zusatzeinrichtungen ist
Sache des Teilnehmers; auch
wenn die Einrichtungen von
ihm für posteigene oder teilnehmereigene Sprechstellen beschafft und von der Deutschen
Post angebracht worden sind.

Abb. 63
Starkstromanschalterelais
(Quecksilberrelais)

Anschlußdosen und Anschlußdosen-
anlagen in Fragen und Antworten

Fernsprechapparate können mit Steckern ausgerüstet, also
tragbar gestaltet werden. Die Fernsprechsteckdose heißt nach
den Begriffsbestimmungen der Fernsprechordnung „Anschlußdose", der Stecker „Anschlußstöpsel" (Abb. 64).

F 160: Darf die Abfragestelle einer Nebenstellenanlage, wenn
für sie nur ein einfacher Sprechapparat erforderlich
ist, mit einem tragbaren Apparat ausgerüstet werden?

A: Ja, jedoch muß sinngemäß, wie bei Hauptstellen ohne
Nebenstellen, ein zweiter Wecker vorgesehen werden,
um Amtsrufe auch bei nicht gestecktem Sprechapparat sicherzustellen.

F 161: Ist es zulässig, Anschlußdosen wie zweite Sprechapparate zu schalten?

A: Ja, es ist zulässig, den zweiten Sprechapparat als
tragbaren Sprechapparat zu liefern.

F 162 : Wenn für die Abfragestelle einer älteren Nebenstellenanlage ein Rückfrageapparat zu 2 Doppelleitungen
erforderlich ist, darf dieser Rückfragefernsprecher als
tragbarer Sprechapparat vorge-
sehen werden?

A : Tragbare Rückfrageapparate mit
Anschlußdosen für 2 Doppelleitungen können ausnahmsweise für
die Abfragestelle von Kleinen
W-Anlagen bei Wiederverwendung
dieser Anlagen benutzt werden,
sonst dürfen nach der FO von
1950 derartige Apparate nur in
bereits erstellten Anlagen bestehen
bleiben.

F 163 : Wieviel Anschlußdosen dürfen in
einer Nebenstellenanlage vorgesehen werden?

A : Die Zahl der Anschlußdosen ist
nicht beschränkt.

Abb. 64
Anschlußdose
und Stecker

F 164 : Müssen sich alle Anschlußdosen
einer Anlage in einem Gebäude befinden?

A : Nein, Anschlußdosen sollen sich zwar in der Regel in
demselben Gebäude befinden, sie sind aber ausnahmsweise auch für verschiedene Gebäude, sogar für verschiedene Grundstücke zulässig, wenn sich hieraus
keine Betriebsschwierigkeiten ergeben.

F 165 : Sind Anschlußdosenanlagen mit nur einer Anschlußdose zulässig?

A : Ja, Anschlußdosenanlagen mit nur einer Anschlußdose sind zulässig.

F 166 : Ist es in einer Nebenstellenanlage erforderlich, daß
für jede Anschlußlinie ein tragbarer Sprechapparat
vorgesehen wird?

A : Nein, bei Nebenstellenanlagen wird nicht verlangt,
daß für jede Anschlußdosenlinie ein tragbarer Apparat
vorhanden ist.

F 167 : Dürfen zwei tragbare Sprechapparate für dieselbe
Anschlußdosenlinie geliefert werden?

A : Auf begründeten Antrag kann einem Teilnehmer für
dieselbe Anschlußdosenlinie ein zweiter tragbarer
Apparat geliefert werden.

F 168: Dürfen in eine Anschlußdosenlinie — angenommen mit 5 Anschlußdosen — gleichzeitig 2 tragbare Sprechapparate eingeschaltet werden?

A: Nein, die gleichzeitige Einschaltung mehrerer Apparate in dieselbe Anschlußdosenlinie ist unzulässig.

F 169: Dürfen Anschlußdosenlinien vorgesehen werden, um z. B. Anschlußorgane in der Vermittlungseinrichtung einer Nebenstellenanlage einzusparen?

A: Ja, Anschlußdosenlinien dürfen auch zum Zwecke der Einsparung von Anschlußorganen vorgesehen werden. Das ist wichtig z. B. für Anlagen in Hotels, Krankenhäusern usw.

F 170: Angenommen, es sind an einer Vermittlungseinrichtung nur 4 Nebenstellenanschlußorgane frei; es sollen an diese 4 Anschlußdosenlinien mit je 5 Anschlußdosen angeschlossen werden, von wieviel beliebigen Stellen aus, kann gleichzeitig gesprochen werden?

A: Gleichzeitig kann nur von jeder Anschlußdosenlinie aus, also von jeder Gruppe von 5 Anschlußdosen, ein Gespräch geführt werden.

F 171: Ist das Gesprächsgeheimnis bei dieser Anlage gewahrt?

A: Nein, da nicht verhindert werden kann, daß in eine Anschlußdosenlinie verbotener Weise zwei Sprechapparate eingeschaltet werden, ist das Gesprächsgeheimnis nicht gewahrt.

F 172: Wie kann sichergestellt werden, daß das Gesprächsgeheimnis gewahrt bleibt, und daß die 4 gleichzeitig möglichen Gespräche von beliebigen der 20 Anschlußdosen aus geführt werden können?

A: Es müssen 20 Anschlußdosenlinien mit nur je einer Anschlußdose gebildet werden. Die Anschlußdosenlinien werden auf eine Schalteinrichtung geführt, wo sie auf Klinken enden (Klinkenkasten). Die Leitungen zu den Nebenstellenanschlußorganen enden dagegen bei dieser Einrichtung z. B. auf Stöpseln. Dadurch ist die Möglichkeit gegeben, die Anschlußorgane nach Bedarf beliebig mit den Anschlußdosenlinien zu verbinden. Da jede Anschlußdosenlinie nur mit einer Anschlußdose ausgerüstet ist, können nie gleichzeitig zwei Apparate an einem Anschluß liegen, so daß ein Mithören nicht möglich ist. Diese Lösung wird daher gern in Krankenhäuser und Hotels angewandt.

F 173: Unter welchem Namen ist der „Klinkenkasten" noch bekannt?

A: Nach dem Wortlaut der FO ist der Klinkenkasten eine „Schalteinrichtung für Anschlußdosen"; bei den Herstellerfirmen wird er auch teilweise als „Reduzierschrank" bezeichnet.

F 174: Darf die Schalteinrichtung für Anschlußdosen, wie eine Vermittlungseinrichtung, zur Vermittlung von Gesprächen benutzt werden?

A: Nein, es muß stets sicher verhindert sein, daß die Schalteinrichtung zu irgendeiner Vermittlung von Gesprächen in nicht durchgeschalteten Anschlußdosenlinien benutzt wird, daher darf sie auch nicht in unmittelbarer Nähe der Vermittlungseinrichtung der Nebenstellenanlage installiert werden.

Zweite Sprechapparate
in Fragen und Antworten

F 175: Darf ein zweiter Sprechapparat einfach parallel zum Hauptprechapparat angeschlossen werden? (Vereinfachte Sprechstellenschaltung).

A: Die Parallelschaltung ist nur in ZB-Netzen zulässig. Der zweite Sprechapparat muß in W-Netzen — bei der vereinfachten Sprechstellenschaltung — hinter dem Stromstoßkontakt des Nummernschalters abgezweigt werden.

F 176: Darf die vereinfachte Sprechstellenschaltung in allen Fällen angewendet werden?

A: Nein, sie ist nur zulässig,'wenn sich beide Sprechapparate in demselben Raum befinden.

F 177: Wenn der zweite Sprechapparat in einem anderen Raum aufgestellt werden soll als der Hauptsprechapparat, was ist dann zu beachten?

A: Als Hauptsprechapparat ist ein Sprechapparat mit Sternschauzeichen zu verwenden, bei dem die Sprech-

Abb. 65

Rücklötvorrichtung, die es ermöglicht, ausgelöste Rücklötsicherungen wieder gebrauchsfähig zu machen

adern zum zweiten Sprechapparat bei der Benutzung des Hauptsprechapparates selbsttätig abgeschaltet werden.

F 178· Gibt es noch andere Schaltungsmöglichkeiten für zweite Sprechapparate?

A   Ja, wenn jeweils nur ein Sprechapparat mit der Anschlußleitung verbunden werden soll, so können beide Apparate über einen Wechselschalter angeschlossen werden.

F 179 Wann ist bei zweiten Sprechapparaten stets ein Wechselschalter zu verwenden?

A   Diese Schaltung ist stets anzuwenden, wenn an eine zu einer Nebenstellenanlage führende Amtsleitung ein zweiter 'Sprechapparat angeschaltet werden soll.

F 180 Erhebt die Deutsche Post die Nebenstellengebühr auch für zweite Sprechapparate?

A.   Nein, denn der zweite Sprechapparat ist eine Zusatz-einrichtung und keine Nebenstelle.

Telerapid-Zahlengeber

Ohne Betätigung des Nummernschalters können mit dem Telerapid-Zahlengeber bis zu 50 beliebige Rufnummern im

Abb 66
Telerapid-Zahlengeber (geschlossen)

Amts- oder Innenverkehr gewählt werden. Eine Änderung dieser Nummern ist jederzeit möglich.

Durch Einstellen des Zeigers auf den gewünschten Namen wird der Telerapid-Zahlengeber vorbereitet. Beim Hinunterdrücken eines Hebels zieht sich ein kleines Uhrwerk auf, bei dessen Ablauf der Wählvorgang selbsttätig ausgelöst wird.

Abb. 66a
Telerapid-Zahlengeber (Innenansicht)

Das Wählen mehrstelliger Rufnummern wird mit dem Telerapid-Zahlengeber wesentlich vereinfacht, da, wie vorstehend erwähnt, ein einfacher Hebeldruck genügt.

Die Apparate werden in 2 Ausfertigungen geliefert, und zwar für Rufnummern bis zu 7 Ziffern (Type 91) und für solche bis zu 10 Ziffern (Type 125).

Anhang

Technische Bedingungen
für private Nebenstellenanlagen

entnommen der Allgemeinen Dienstanweisung 1950
VI, 3 A Beil. 2 (Techn. Bed. f. priv. NAnl.)

Vorbemerkung

Für die technische Gestaltung der privaten Nebenstellenanlagen gelten

a) die Bestimmungen der FO § 6 bis 8 nebst AB und
VAnw,

b) die TVAnw zu Teil I Abschnitt B der FO mit Beil. 3
und 4,[1])

c) die VDE-Vorschriften,

d) die nachstehenden technischen Bedingungen.

§ 1 Abfragestellen

1. Bei der Abfragestelle der Hauptstelle muß der Anruf vom
Amte und von den Nebenstellen durch ein sichtbares
und hörbares Zeichen kenntlich gemacht werden; das

---

[1]) Die TVAnw gelten auch für private Nebenstellenanlagen, soweit die
Bestimmungen nicht auf post- und teilnehmereigene Anlagen beschränkt
sind. Für private Nebenstellenanlagen gelten außerdem die „Techni-
nischen Bedingungen für private Nebenstellenanlagen".

hörbare Zeichen kann abschaltbar sein. In den Anlagen mit Netzanschluß muß der Amtsruf bei der Hauptstelle in jedem Falle, also auch dann, wenn das Netz ausfällt, sichergestellt sein. Der Anruf muß bei Netzausfall mindestens von der Hauptstelle aus beantwortet werden können. Bei Nebenstellenanlagen zu 1 Amtsleitung (bei Reihenanlagen bis zu 2 Amtsleitungen) genügt ein hörbares, nichtabschaltbares Amtsanrufzeichen. Das Schlußzeichen der Nebenstellen nach der Hauptstelle muß sichtbar sein, in Nebenstellenanlagen zu 1 Amtsleitung genügt ein hörbares Schlußzeichen. Müssen nach Gesprächsschluß noch Schaltteile der Vermittlungseinrichtung in die Ruhelage gebracht werden, so ist neben dem sichtbaren auch ein hörbares Schlußzeichen erforderlich, das abschaltbar sein kann.

2. In W-Nebenstellenanlagen muß die Amtsleitung, in der bei der Hauptstelle ein Amtsruf eingeht, sofort — nicht erst durch Umlegen des Abfrageschalters — gegen die Anschaltung einer Nebenstelle besetzt gemacht werden. Diese Bestimmung gilt nicht für kleine W-Anlagen (zu 1 Amtsleitung und 2 bis 9 Nebenstellen).

3. In Anlagen mit durchgehendem Amtsschlußzeichen (§ 2 Nr. 1) muß ein neu eingehender Amtsruf bei der Abfragestelle der Hauptstelle auch dann wahrnehmbar sein, wenn die Amtsleitung trotz Erscheinen des Schlußzeichens noch mit einer Nebenstelle verbunden ist.

4. Nach der Weiterschaltung eines vom Amte eingehenden Rufs zu einer Nebenstelle darf der Ruf bei der Abfragestelle wahrnehmbar bleiben.

5. Bei Anlagen ohne durchgehendes Amtsschlußzeichen (§ 2 Nr. 1) muß die Abfragestelle der Hauptstelle ohne Trennung der Verbindung prüfen können, ob das Amtsgespräch beendet ist.

6. Werden Dauerverbindungen nicht durch Schnüre hergestellt, so muß durch technische Maßnahmen sichergestellt sein, daß die Dauerverbindungen bei Beginn des Dienstes bei der Hauptstelle aufgelöst werden, d. h. daß die Regelschaltung an der Vermittlungseinrichtung wiederhergestellt wird.

§ 2 Zeichengebung

1. Amtsschlußzeichen sollen von der Nebenstelle nach der Hauptstelle und nach dem Amt gegeben werden können (durchgehendes Amtsschlußzeichen).

2. Das Amtsschlußzeichen muß bei der Weitergabe einer vom Amt her verlangten Verbindung an eine Nebenstelle unterdrückt bleiben, auch wenn die Hauptstelle zunächst eine Rückfrage bei einer Nebenstelle hält. Das Schlußzeichen muß auch unterdrückt bleiben, wenn die mit einer Nebenstelle verbundene Amtsleitung auf eine andere Nebenstelle umgelegt wird.

3. Die Reihenfolge der Handgriffe bei der Abfragestelle darf auf die richtige Zeichengebung nach dem Amt keinen Einfluß haben, es muß z. B. gleichgültig sein, ob in Schrankanlagen beim Trennen einer Verbindung zuerst der Abfragestöpsel und dann der Verbindungsstöpsel gezogen wird oder umgekehrt.

4. In W-Nebenstellenanlagen müssen folgende Summerzeichen vorgesehen werden, wobei die mit Maschinen erzeugten Summerzeichen eine Tonhöhe von 450 Hz haben müssen:

   a) Freizeichen: Summertöne entsprechend den abgehenden Rufströmen,

   b) Besetztzeichen: gleichlange (etwa 100- bis 120 mal in der Minute) regelmäßig wiederholte Summertöne, bei denen die Pausen zwischen den Tönen nicht kürzer als 0,4 Sekunden sein dürfen (Morse-,,e"),

   c) Wählzeichen: regelmäßig in bestimmter Folge wiederholte Summertöne (z. B. Morse-,,s"). Das Wählzeichen muß von dem in W-Ämtern der DBP verwendeten Amtszeichen abweichen; es darf in Anlagen ohne Wählerlaufzeit vor dem Wählen, z. B. in Relaiswähleranlagen, fehlen.

   In den vom 1. Januar 1950 an neu eingerichteten W-Nebenstellenanlagen müssen die Summerzeichen den Bedingungen unter a bis c entsprechen; in vorhandenen W-Nebenstellenanlagen sind die Summerzeichen allmählich anzupassen.

§ 3 Wählvorgänge

1. Bei Stromstoßübertragungen müssen die Stromstöße zur Einstellung der Wähler in der für Nummernscheiben vorgeschriebenen Form zum Amt weitergegeben werden.

2. Der Stromstoßkontakt der Nummernscheiben und der Stromstoßübertragungen ist durch eine Funkenlöscheinrichtung zu überbrücken.

186

§ 4 Sprech- und Rufwege für Amtsverbindungen

1. Die Amtsleitungsschleife darf durch ordnungsmäßige Schaltvorgänge in der Nebenstellenanlage keine Verbindung mit der Erde oder mit der Batterie erhalten. In ON mit OB-Vermittlung können Nebenstellenanlagen, bei denen nach genehmigten Schaltungen das Amt durch Anlegen von Erde oder Spannung errufen wird, bestehen bleiben.

2. Bestehende Amtsverbindungen dürfen durch Schaltvorgänge bei der Hauptstelle oder bei den Nebenstellen auch nicht kurzzeitig unterbrochen werden, z. B. beim Übergang in die Rückfragestellung, bei der Weitergabe der Verbindungen von der Hauptstelle an eine Nebenstelle, bei der Umlegung von Verbindungen.

3. Die Schaltungen müssen so eingerichtet sein, daß das elektrische Gleichgewicht in den Amtsleitungen oder in den Leitungen der außenliegenden Nebenstellen nicht gestört wird. Die Zahl der Brücken in den Sprechverbindungen soll möglichst klein sein.

4. Bei handbedienten Zwischenumschaltern mit selbsttätiger Rückstellung in Verbindung mit W-Ämtern muß nach einem Amtsgespräch der Nebenstelle die Durchschaltung zum Amt noch mindestens 1 Sekunde aufrechterhalten bleiben.

5. Kondensatoren in den Sprechwegen sollen eine Kapazität von mindestens je 2 μF haben. Wenn mehr als zwei Kondensatoren hintereinanderliegen, muß ihre Kapazität entsprechend vergrößert werden.

6. In Anlagen, die an ZB- oder W-Ämter angeschlossen sind, kann der Strom zum Betrieb der Mikrophone und Schauzeichen für Amtsverbindungen der Haupt- und Nebenstellen unentgeltlich aus der Amtsbatterie entnommen werden, wenn keine Änderungen der technischen Einrichtung beim Amt (z. B. Einbau von Speisebrücken) erforderlich sind. Die Schauzeichen dürfen nicht in Erdabzweigungen liegen; ihr Widerstand muß so bemessen sein, daß sich für den Amtsbetrieb keine Schwierigkeiten ergeben.

7. Die Mikrophone müssen mit einer Dämpfungsschaltung, wie sie die DBP in ihren Sprechapparaten verwendet, versehen sein. In Anlagen, die am 1. Januar 1940 vorhanden waren, ist die Dämpfungsschaltung allmählich einzuführen.

8. Fernhörer mit polarisierten Elektromagneten dürfen nicht vom Batteriestrom durchflossen werden.

9. Das mit vorgeschaltetem Kondensator in Brücke zur Amtsleitung liegende Amtsanrufzeichen darf durch Lade- und Entladeströme nicht unzeitig zum Ansprechen gebracht werden.

10. Wecker, die vom Rufwechselstrom durchflossen werden können, müssen Wechselstromwecker (polarisiert) sein·

11. In Anlagen, bei denen der Amtsgleichstrom auch in die Nebenanschlußleitung gelangt, darf der Widerstand der in beiden Sprechadern zusätzlich eingeschalteten Schaltmittel zusammen höchstens 200 Ohm betragen.

12. Bei Amtsverbindungen darf auf die private Vermittlungseinrichtung einschließlich etwaiger Mithöreinrichtungen oder anderer Zusatzschaltungen eine Dämpfung von höchstens 0,2 Neper entfallen. Bei Anschaltung von Zweitnebenstellenanlagen darf die Dämpfung beider Vermittlungseinrichtungen zusammen den Betrag von 0,3 Neper nicht überschreiten.
(Zusätzliche Bedingungen für W-Nebenstellenanlagen.) ·

13. Gestörte Amtsleitungen müssen abgeschaltet werden können, damit sie für die Nebenstellen unzugänglich sind.

14. Nach Schluß eines Amtsgespräches muß die Amtsleitung bei Nebenstellenanlagen mit mehr als 1 Amtsleitung in der Nebenstellenanlage noch eine Zeitlang gegen die Anschaltung anderer Stellen besetzt gehalten werden, damit die Verbindung im Amt getrennt werden kann, und zwar bei W-Ämtern mindestens noch 10 Sekunden, bei Handämtern mindestens noch 20 Sekunden. Bei Wiederverwendung von Nebenstellenanlagen kann von einer nachträglichen Anpassung abgesehen werden.

15. Während der Nachtschaltung muß es möglich sein, daß von der Nebenstelle aus bei der Anmeldung von Gesprächen im Schnell- und im beschleunigten Ferndienst dem Amt die Rufnummer der benutzten Amtsleitung angegeben werden kann.

§ 5 Nebenstellen

1. Nach der Weiterschaltung des eingehenden Rufs zu einer zweiten Nebenstelle darf der Ruf bei der ersten Nebenstelle wahrnehmbar bleiben.

2. Die gleichzeitige Anschaltung mehrerer Nebenstellen an eine Amtsleitung ist nur in Mithörschaltung, in Verbindung mit Rundgesprächseinrichtungen oder in einer für zweite Sprechapparate zugelassenen Schaltung statthaft.

§ 6 Posteigene Leitungen

1. Posteigene Leitungen dürfen zum Sprechen und daneben zur Übertragung der für die Verbindung erforderlichen Schaltkennzeichen benutzt werden; eine gleichzeitige Verwendung für andere Zwecke, z. B. für Meßzwecke, ist unzulässig. Besondere posteigene Leitungen, in denen nur Schaltkennzeichen übertragen werden sollen, werden nicht zur Verfügung gestellt.

2. Ist bei langen posteigenen Regelquerverbindungen die sichere Übermittlung der Wählstromstöße nicht möglich, so kann mit Zustimmung des FTZ bis auf Widerruf in Simultanschaltung gewählt werden. Diese Betriebsweise ist ausgeschlossen, wenn die posteigenen Leitungen für die Mehrfachausnutzung durch die DBP benutzbar bleiben müssen.

3. In posteigenen Leitungen darf die höchste Betriebsspannung 100 Volt eff. bei Wechselstrom und 100 Volt bei Gleichstrom, die höchste Stromstärke 60 mA bei Wechselstrom und 80 mA bei Gleichstrom nicht übersteigen. Leitungen zwischen verschiedenen Ortsnetzen müssen erdfrei betrieben werden.

§ 7 Stromversorgung

1. Private Batterien müssen doppelpolig gegen die Amtsleitung gesperrt sein; sie müssen ferner mit dem Pluspol an Erde liegen, wenn aus ihnen mehr als ein Stromkreis (nicht nur Sprechstromkreis) gespeist wird. Die Höhe der Spannung richtet sich nach den VDE-Spannungsnormen.

2. Elemente müssen den VDE-Regeln für die Bewertung und Prüfung von galvanischen Elementen entsprechen.

3. Alle Einrichtungen zur Stromversorgung aus dem Starkstromnetz müssen den VDE-Vorschriften entsprechen und nach ihnen gesichert sein. In Netzanschlußgeräten darf die Störspannung bei unmittelbarer Anschaltung eines Fernsprechapparates in der Betriebslast frequenzbewertet 1 mV nicht überschreiten. Ladeeinrichtungen und Rufmaschinen müssen vom Starkstromnetz durch mehrpolige Umschalter abgeschaltet werden können.

4. Auf den Rufstromerzeugern müssen die Rufspannung und, abgesehen von den Handinduktoren, auch die Antriebsspannung angegeben sein, bei Polwechslern mit Umspannern auf dem Umspanner, sonst auf dem Polwechsler selbst.

5. Einankerumformer müssen so gebaut sein, daß die Ruf-
wicklung gegen die Antriebswicklung eine Wechselspan-
nung von 1000 Volt eff. bei 50 Hz eine Minute lang aus-
hält (überschlagsicher).
6. Die Entnahme von Rufwechselstrom aus dem Wechsel-
strom-Starkstromnetz mit Hilfe von Netzumspannern ist
zulässig; die Umspanner müssen den VDE-Vorschriften
entsprechen.
7. Handinduktoren müssen bei drei Kurbeldrehungen in der
Sekunde einen Wechselstrom von 15 bis 25 Hz erzeugen.
Bei den übrigen Rufstromerzeugern soll die Nennschwing-
zahl 25 oder 50 Hz betragen.
8. Wird Wechselstrom zum Anrufen des Amts verwendet,
so darf dessen Spannung 45 Volt eff. nicht überschreiten.
Für den Anruf innerhalb der Nebenstellenanlagen kann
die Rufwechselspannung höher sein, darf aber nicht über
65 Volt eff. hinausgehen; die Schaltung muß dann so
eingerichtet sein, daß dieser Rufstrom auf keinen Fall
zum Amt gelangen kann. Bei besonders ungünstigen
Verhältnissen (Anrufschwierigkeiten wegen der Länge
der Leitungen) und in anderen Ausnahmefällen kann das
FTZ auch höhere Rufspannungen bis zu 100 Volt eff.
zulassen. Die Rufspannung ist bei unbelastetem Ruf-
stromkreis unmittelbar am Rufstromerzeuger mit einem
Wechselstrom-Spannungsmesser mit einem inneren Widerstand von 1000 Ohm zu messen.
9. Die Rufwechselspannung soll möglichst frei von Ober-
schwingungen sein.
10. Der Rufstrom darf in einem ordnungsmäßig eingestellten
Kopfhörer keine Knackgeräusche hervorrufen.

§ 8 Aufbau der privaten Nebenstellenanlagen

1. Die zum Aufbau der privaten Nebenstellenanlagen verwendeten Baustoffe und anderen Zubehörteile müssen so
so beschaffen sein, daß sie die Sicherheit und Zuverlässig-
keit des öffentlichen Fernsprechdienstes nicht beeinträchtigen.
2. Bei der Ausführung der Anlagen sind die VDE-Vorschriften zu beachten.
3. Bei Nebenstellenanlagen mit mehr als 50 Leitungen sind
Hauptverteiler und, wenn nötig, Unterverteiler zu verwenden, um das Umlegen von Leitungen zu ermöglichen.
Die Leitungsführung und die einzelnen Verbindungen
müssen in den Verteilereinrichtungen leicht übersehen

und nachgeprüft werden können. Die Schaltdrähte für Amtsleitungen, Querverbindungen und Nebenanschlußleitungen sollen in den Verteilern von den Schaltdrähten der Leitungen für nicht amtsberechtigte Nebenstellen und Abzweigleitungen möglichst getrennt liegen, wenn nicht für die Schaltdrähte dieser Leitungen andersfarbiger Draht als für die Amtsleitungen usw. verwendet wird. Über die Beschaltung der Verteilereinrichtungen muß ein Verzeichnis vorhanden sein und auf dem laufenden gehalten werden.

4. Der Erdungswiderstand darf für Sicherungs- und Schutzerden 30 Ohm, für Betriebserden bei Nebenstellenanlagen bis 500 Anrufzeichen 10 Ohm, über 500 bis 2000 Anrufzeichen 2 Ohm, bei größeren Anlagen 0,5 Ohm nicht übersteigen. Für die Schutzerden der Stromlieferungsanlagen, die an das Starkstromnetz angeschlossen sind, gelten die VDE-Vorschriften.

5. In den Fernsprechapparaten dürfen Teile von ˙Signaleinrichtungen, die mit der Nebenstellenanlage schaltungstechnisch in keinem Zusammenhang stehen, mit untergebracht werden, wenn die Betriebsspannung der Signaleinrichtungen die im Fernsprechbetrieb üblichen Spannungen (60 Volt) nicht übersteigt. Beide Anlagen dürfen eine gemeinsame Batterie benutzen. Die Schaltmittel für die besonderen Signale müssen vom FTZ zugelassen sein.

6. Bei Gesprächen der Nebenstellen mit dem Amt über die Hauptstelle muß noch eine ausreichende Verständigung vorhanden sein, wenn beim Amte eine Dämpfung von 3 Neper zugeschaltet wird.

7. Die Übersprechdämpfung muß für alle Teile der Anlage größer als 7,5 Neper sein.

8. Private Nebenstellenanlagen dürfen den Rundfunkempfang nicht stören. Über die Rundfunkentstörung privater Nebenstellenanlagen s. die ,,Richtlinien zur Rundfunkentstörung von privaten Fernsprechanlagen".

§ 9 Genehmigungspflicht

1. Der Zulassung durch das FTZ bedürfen:

   a) die Schaltungen für die Teile privater Nebenstellenanlagen, über die Amtsgespräche abgewickelt werden und die an Amtsverbindungen mittelbar oder unmittelbar beteiligt sind (z. B. am Einleiten abgehender Amtsverbindungen, am selbsttätigen Umlegen von Amtsverbindungen). Die Grundlage für die Zulassung bilden die Schaltungszeichnungen, nicht aber Relaislisten und ähnliche Darstellungen;

b) die Schaltungen von Anschlußdosenanlagen mit Trennkontakten in den Anschlußdosen oder mit Linienrelais zur Abschaltung des zweiten Weckers usw.;

c) die Schaltung zweiter Sprechapparate;

d) die Vereinigung mehrerer zugelassener Schaltungen für dieselbe Anlage, wenn die Möglichkeit der Zusammenschaltung nicht schon aus den zugelassenen Schaltungszeichnungen hervorgeht (Zusatzschaltungen);

e) Rufstromerzeuger (Rufmaschinen, Umformer, Polwechsler und Umspanner) und Einrichtungen zur Entnahme von Betriebsstrom aus dem Starkstromnetz (z. B. Ladeeinrichtungen mit Pufferbetrieb, Netzanschlußgeräte, Starkstromanschalterelais für den Betrieb von Weckern, Glühlampen, Hupen u. dgl.), auch wenn sie auf den Zeichnungen der Gesamtschaltung mit dargestellt sind. An das FTZ sind genaue Einrichtungs- und Schaltungszeichnungen des Rufstromerzeugers, der Ladeeinrichtung usw. einzusenden. Das FTZ fordert u. U. die Apparate selbst zur Prüfung ein. Handinduktoren und Einrichtungen zum Laden von abgeschalteten Betriebsbatterien bedürfen keiner Zulassung;

f) Nummernscheiben, die nicht den Mustern der DBP gleichen, soweit sie für Amtsverbindungen benutzt werden. Die Nummernscheiben müssen in elektrischer Beziehung den Bedingungen in den FTZ- und RPZ-Normblättern genügen;

g) Schaltmittel für besondere Signale, die in die Fernsprechapparate eingebaut werden sollen;

h) die Überschreitung der für Rufstromspannungen festgesetzten Höchstwerte in besonderen Fällen;

i) von den ,,Technischen Richtlinien für Fernmeldeanlagen mit leitungsgerichtetem Hochfrequenzbetrieb'' (Beil. 3) abweichende Einrichtungen, die zum Anschließen von nicht amtsberechtigten Nebenstellen oder von privaten Querverbindungen und Abzweigleitungen benutzt werden sollen;

k) die Verwendung der Simultanschaltung zur Übermittlung der Wählstromstöße in posteigenen Querverbindungen.

Zu b bis h. Die Zulassung ist nicht erforderlich, wenn die Einrichtungen weder mittelbar noch unmittelbar für Amtsverbindungen benutzt werden.

2. Abweichungen von den genehmigten Schaltungen beim Aufbau der Nebenstellenanlagen sind genehmigungspflichtig. Als Abweichungen sind u. a. anzusehen:

a) Ändern von Widerstandswerten um mehr als ±10 v.H.;

b) Ändern von Kondensatorwerten. Es ist jedoch zulässig, einen Kondensator durch zwei parallelgeschaltete Kondensatoren von halber Kapazität zu ersetzen, wenn die Parallelschaltung ohne weiteres erkennbar ist. Wird die Verdrahtung im Kabelstamm vorgenommen, so muß die Parallelsehaltung in der Schaltungszeichnung dargestellt und genehmigt werden;

c) Abweichen von der angegebenen Sperrzeichenart oder Sperrzeichenschaltung (Lampe statt Schauzeichen, mittelbare Einschaltung statt unmittelbare oder umgekehrt);

d) Abweichen von der Art der Speisung (Ortsbatterie, Ringspeisung, Zentralbatterie);

e) Ändern des Potentials an Relaiskontakten, Lampen usw., weil dadurch u. U. wichtige Schaltvorgänge, z. B. Verhinderungsschaltungen, beeinflußt werden können.

3. Bei Anträgen auf Zulassung von Schaltungen zum Anschluß an OB- oder ZB-Ämter müssen die Anpassungsschaltungen an den Wähldienst beim Amt zugleich eingereicht werden.

4. Das FTZ kann Muster von Baustoffen, Teile einer Anlage oder ähnliches zur Prüfung anfordern, wenn Zweifel an der Betriebssicherheit bestehen.

5. Die Bundespost übernimmt mit der Schaltungsgenehmigung nicht die Gewähr, daß die Anlagen ordnungsmäßig arbeiten und daß die VDE-Vorschriften und die Vorschriften örtlicher Elektrizitätswerke usw. befolgt sind.

6. Maßnahmen, die in den Anlagen an Ort und Stelle getroffen werden, um Störungen des Rundfunkempfangs zu beseitigen, sind stets den Abnahmediensstellen anzuzeigen.

§ 10 Schaltungszeichnungen

1. Die Schaltungszeichnungen (Stromlaufzeichnungen) müssen so beschaffen sein, daß an Hand der beizugebenden Beschreibung leicht ein genaues Bild über die Wirkungs-

weise der Schaltung in allen Einzelheiten gewonnen werden kann. Besteht eine Schaltungszeichnung aus mehreren Blättern, so muß der Zusammenhang ohne Schwierigkeit verfolgt werden können. Bei Reihenschaltungen muß auf den Schaltungszeichnungen außer der Hauptstelle mindestens eine Reihennebenstelle und, wenn vorhanden, eine nicht amtsberechtigte Nebenstelle dargestellt sein. Das Netz der nicht amtsberechtigten Nebenstellen ist auf den Schaltungszeichnungen nur so weit darzustellen, als es zur Beurteilung der schaltungstechnischen Verhinderung unzulässiger Verbindungen nötig ist. Bei umfangreichen Nebenstellenanlagen, besonders solchen mit ausgedehntem Querverbindungsnetz, muß ein Übersichtsplan beigefügt werden, aus dem alle Verbindungsmöglichkeiten innerhalb der Anlage hervorgehen.

2. Die Darstellung muß deutlich sein und den vom VDE herausgegebenen Bildzeichennormen entsprechen. Für Spulen aller Art und für Widerstände ist der Wert des Ohmschen Widerstands, für Kondensatoren der Wert der Kapazität in μF auf der Zeichnung anzugeben. Unbeschaltete Kontakte oder Kontaktfedern an Relais, Tasten, Schaltern usw., ferner unbenutzte Wicklungen auf Spulen brauchen nicht dargestellt zu werden, wenn die Nichtbeschaltung in der Anlage ohne weiteres erkannt werden kann; sie müssen aber eingezeichnet werden, wenn mit ihnen Drähte verbunden sind, die an einer anderen Stelle blind enden. Die mehrmalige Darstellung ein und desselben Kontaktes ist zulässig. Der Kontakt muß jedoch an jeder Stelle vollständig eingezeichnet, die jeweils fehlenden Zuführungen müssen angedeutet sein.

3. Für die Schaltungszeichnungen sind mit Heftrand versehene Blätter nach DIN 823 (RPZ-Norm 40003/1) in den Größen A 4 oder A 5 zu benutzen, bei größeren Zeichnungen Blätter, die unter Freilassung eines Heftrandes zur Größe A 4 zusammengelegt sind (vgl. DIN 824, RPZ-Norm 40003/2).

4. Geht eine Schaltung über den Umfang einer kleineren Einrichtung, z. B. eines einfachen Sprechapparates oder einer einfachen Zusatzeinrichtung hinaus, so muß am Rande des Zeichnungsblattes eine Einteilung in Planvierecke angedeutet sein; in den zugehörigen Beschreibungen ist dann bei einzeln aufgeführten Teilen und bei Beginn der Beschreibung eines Stromwegs das betreffende Planviereck anzugeben.

§ 11 Abnahme und Nachprüfung
der privaten Nebenstellenanlagen

1. Neue private Nebenstellenanlagen und wesentlich geänderte Anlagen müssen vor der Anschaltung an das öffentliche Fernsprechnetz von der DBP abgenommen werden. Die vorhandenen privaten Nebenstellenanlagen werden von der DBP regelmäßig geprüft. Durch die Abnahme und Nachprüfung der Anlagen übernimmt die DBP keine Gewähr dafür, daß die Anlagen ordnungsmäßig arbeiten und daß die VDE-Vorschriften und die Vorschriften örtlicher Elektrizitätswerke usw. befolgt sind; auch der Abnahmebeamte ist hierfür nicht verantwortlich.

2. Zur Erleichterung der Abnahme und Nachprüfung muß bei der Hauptstelle bei Anlagen mit 10 und mehr Nebenstellen ein Verzeichnis der angeschlossenen privaten Nebenstellen ausgehängt sein, in dem auch der Tag der Anschaltung der einzelnen privaten Nebenstellen anzugeben ist; die nicht amtsberechtigten Nebenstellen sind in einer besonderen Abteilung des Verzeichnisses aufzuführen. Außerdem müssen die sonst erforderlichen Unterlagen (Aufbauzeichnungen, Übersichtspläne, Beschaltungspläne usw.) bei der Hauptstelle aufbewahrt und, wenn nötig, zur Ergänzung der amtlichen Papiere zur Verfügung gestellt werden. Von der Bereithaltung einer Zeichnung kann nur abgesehen werden, wenn alle Teile in der Anlage selbst ausreichend und deutlich bezeichnet sind. Über die Führung eines Verteilerverzeichnisses s. § 8 Nr. 3.

HERMANN GOETSCH

Taschenbuch für Fernmeldetechniker

Das Taschenbuch erscheint in 3 Teilen, wovon in 11. Auflage vorliegen:

Teil I: Theoretische Grundlagen, Stromquellen, Einzelgeräte, Schaltungen, Montage

249 Seiten mit 392 Abbildungen, Kl.-8⁰, 1948, Halbleinen DM 10.-

Teil II: Optische und akustische Signalanlagen, Starkstrombeeinflussung und Schutzeinrichtungen

254 Seiten mit 341 Abbildungen, Kl.-8⁰, 1950, Halbleinen DM 10.-

Teil III: Telegraphen- und Fernschreibetechnik, Fernsprechtechnik, Trägerfrequenzeinrichtungen für Fernsprechleitungen, Prüf- und Meßeinrichtungen für Fernsprechanlagen

Erscheint im Sommer 1951, Halbleinen DM 10.-

IMMO KLEEMANN

Grundlagen der Fernmeldetechnik

3. erweiterte und verbesserte Auflage
292 Seiten mit 168 Abbildungen und einem Anhang
Gr.-8⁰, 1950, Halbleinen DM 16.-

Dieses Lehrbuch wendet sich an den mit der Mathematik und den elektrotechnischen Grundlagen vertrauten Leser und gibt ihm eine systematische Einführung, frei von einseitiger Spezialisierung, in die nachstehenden Hauptarbeitsgebiete der Fernmeldetechnik:

Schalt- und Übertragungsgeräte - Schaltungslehre - Verbindungslehre - Vielfachschaltungen - Übertragungslehre.

Das Lehrbuch ist den Fortschritten der letzten Jahre entsprechend gegenüber den vorhergehenden Auflagen erweitert, sämtliche Schaltbilder sind nach den jüngsten neu gezeichnet.

EMANUEL HETTWIG

Fernsprech-Wählanlagen

3. erweiterte Auflage, 484 Seiten mit 262 Abbildungen und 15 Tabellen
Gr.-8⁰, 1950, Halbleinen DM 38.-

'...Der Band führt in die neue Reihe „Fernsprechtechnik" durch seine Leichtverständlichkeit und Aufgeschlossenheit gut ein . . . . Er ist nicht allein im Text, sondern auch in den Bilddarstellungen so gehalten, daß jeder Praktiker ohne große Vorkenntnisse, vor allem auch in mathematischer Hinsicht, den Stoff gut bewältigen kann."

„Telegraphen-Praxis"

R. OLDENBOURG VERLAG MÜNCHEN